AF665902

EUL VERLAG

Reihe: Marketing und Kooperationen · Band 6

Herausgegeben von Noshokaty, Döring & Thun, Berlin

Romy Fabian

Kundenkommunikation über Social Media

Ein Planungsprozess

Mit einem Geleitwort von Simon Thun

EUL VERLAG

Bibliografische Information der Deutschen Nationalbibliothek

Die Deutsche Nationalbibliothek verzeichnet diese Publikation in der Deutschen Nationalbibliografie; detaillierte bibliografische Daten sind im Internet über <http://dnb.d-nb.de> abrufbar.

ISBN 978-3-8441-0015-0
1. Auflage Februar 2011

© JOSEF EUL VERLAG GmbH, Lohmar – Köln, 2011
Alle Rechte vorbehalten

JOSEF EUL VERLAG GmbH
Brandsberg 6
53797 Lohmar
Tel.: 0 22 05 / 90 10 6-6
Fax: 0 22 05 / 90 10 6-88
E-Mail: info@eul-verlag.de
http://www.eul-verlag.de

Bei der Herstellung unserer Bücher möchten wir die Umwelt schonen. Dieses Buch ist daher auf säurefreiem, 100% chlorfrei gebleichtem, alterungsbeständigem Papier nach DIN 6738 gedruckt.

Geleitwort des Herausgebers

Wir stecken mitten drin im Social Media-„Hype“: Kein anderes Thema wird aktuell mit derselben Intensität diskutiert. Einige wenige Unternehmen ernten für Ihre Social Media-Aktivitäten fast schon überschwängliches Lob. Viele andere werden jedoch für Fehltritte oder „falsche Ansätze“ kritisiert und bekommen dabei häufig unmittelbar die mögliche Reichweite und Intensität von Social Media zu spüren.

Die meisten Unternehmen haben jedoch augenscheinlich noch immer keinen wirklichen Zugang zum Thema Social Media gefunden: Die einen fühlen sich von diesem Thema regelrecht getrieben und suchen schnelle Antworten für den adäquaten Umgang mit der Entwicklung. Die anderen warten lieber erstmal ab – wobei sich die Skepsis nicht selten mit der Furcht mischt, den Einstieg zu verpassen. Was fehlt sind Hilfestellungen für eine systematische Herangehensweise.

Die vorliegende Arbeit beschäftigt sich mit dem Einsatz von Social Media in der Kundenkommunikation: Bezugnehmend auf die unterschiedlichen Erscheinungsformen von Social Media werden die damit zusammenhängenden Veränderungen von Kommunikationsprozessen zwischen Unternehmen und (potenziellen/aktuellen) Kunden sowie Kunden untereinander betrachtet. Hierauf aufbauend analysiert die Autorin Anwendbarkeit und Eignung der Planungsansätze unterschiedlicher Denkschulen auf Planungsaufgaben von Unternehmen hinsichtlich Social Media. Dies dient schließlich als Grundlage für die Ableitung eines geeigneten Planungsprozesses für Social Media.

Handelnde Personen in Unternehmen erhalten somit Handlungsleitlinien in Form eines strukturierten Planungsprozesses entlang der wesentlichen Stufen Strategie, Taktik und Umsetzung. Gleichzeitig werden die weiterführenden relevanten Fragestellungen innerhalb des Planungsprozesses sowie Ansatzpunkte zur Adressierung derselben dargestellt.

Berlin, Januar 2011

Simon Thun
Noshokaty, Döring & Thun

Vorwort

Die vorliegende Arbeit ist im Rahmen meines BWL-Studiums an der Hochschule für Technik und Wirtschaft in Dresden entstanden. Mein besonderer Dank gilt Prof. Dr. Ralph Sonntag für die hervorragende Betreuung während der Anfertigung der Arbeit.

Weiterhin möchte ich allen Mitarbeitern von Noshokaty, Döring & Thun danken, insbesondere Simon Thun, der mir mit zahlreichen Anregungen und Diskussionen zur Seite stand und die Publikation erst ermöglicht hat.

Diese Arbeit hätte nicht ohne meine Familie und Freunde entstehen können. Danke für Eure hilfreichen Ratschläge und Eure fortwährende Unterstützung.

Berlin, Januar 2011 Romy Fabian

Inhaltsverzeichnis

Abbildungsverzeichnis

Tabellenverzeichnis

Abkürzungsverzeichnis

AGOF	Arbeitsgemeinschaft Online Forschung
API	Application Programming Interface
APP	Application
BCG	Boston Consulting Group
BVDW	Bundesverband Digitale Wirtschaft
FAQ	Frequently Asked Questions
GPS	Global Positioning System
MP3	MPEG-1 Audio Layer 3
PR	Public Relations
ROI	Return on Investment
RSS	Really Simple Syndication
SWOT	Strengths, Weaknesses, Opportunities, Threats
UCG	User Generated Content

Glossar

AGOF

Arbeitsgemeinschaft für Online Forschung. Zusammenschluss führender Online-Vermarkter in Deutschland. Veröffentlicht regelmäßig standardisierte Online-Reichweiten und Informationen zur Online-Nutzung.[1]

API

Application Programming Interface. Genormte Programmierschnittstelle für Anwendungsprogramme, über die Informationen und Daten ausgetauscht werden können.[2]

Applikation, App

Kleine Anwendungsprogramme, die auf Smartphones und auf Social Media-Plattformen vielfältig genutzt werden können.

Avatar

Künstliche Online-Person, mit denen sich Nutzer in Virtuellen Welten bewegen.

Blogroll

Sammlung von Links zu verschiedenen Blogs, die vom Blogbetreiber empfohlen wird.

Brand Ambassador

Personen, die das Unternehmen, die Marke bzw. das Produkt im Social Web aktiv befürworten und weiterempfehlen.[3]

Brutto-Reichweite

Bezeichnet die Summe aller erreichten Kontakte in der betrachteten Zielgruppe in einem festgelegten Zeitraum. Die Reichweiten der einzelnen Werbeträger werden addiert, ohne Überschneidungen mehrfach erfasster Personen zu beachten.[4]

[1] Vgl. AGOF (2010a) o.S.
[2] Vgl. YouTube Inc. (2010) o.S.
[3] Vgl. Weinberg, T. (2009) S. 26 f.
[4] Vgl. AGOF (2010b) S. 2.

BVDW

Bundesverband Digitale Wirtschaft. Interessenvertretung für Themen der digitalen Wirtschaft.[5]

Cash Flow

Kennzahl, die den erwirtschafteten Zahlungsmittelüberschuss aus der wirtschaftlichen Tätigkeit einer Periode angibt.[6]

Co-Advertising

Umfasst die gemeinsame Kommunikationspolitik mehrerer Unternehmen bzw. Persönlichkeiten.[7]

Corporate Blog

Weblog eines Unternehmens, der z.B. mit der Unterstützung von Mitarbeitern geführt wird.[8]

Crossmediale Kampagne

Kampagne, die die Nutzung verschiedener kombinierter Kommunikationsmedien beinhaltet.[9]

Digital Natives

Personen bzw. Altersgruppe, die mit digitalen Technologien wie Computer, Handy und Internet aufgewachsen sind.

Feed

Format, mit dem Inhalte und Aktualisierungen von Webangeboten abonniert werden können.[10]

Folksonomy

Klassifizierung von Inhalten im Internet durch die Nutzer.[11]

---

[5] Vgl. BVDW (2010) o.S.
[6] Vgl. Schierenbeck, H./Lister, M. (2002) S. 148.
[7] Vgl. Branz, P. (2009) S. 18.
[8] Vgl. Universität Oldenburg/construktiv (2009) S. 27.
[9] Vgl. Lammenett,E. (2009) S. 212 f.
[10] Vgl. addLeader Ltd. (2010) o.S.
[11] Vgl. Li, C./Bernoff, J. (2008) S. 13.

Google Page Rank

Platzierung, die bei Google Suchergebnissen erzielt wird.[12]

Involvement

Beschreibt inwieweit sich eine Zielgruppe mit dem Produkt identifizieren kann und wie engagiert sie im Umgang mit dem Produkt ist.

Keyword

Wort bzw. Wortgruppe, die als Suchbegriff in Social Media Monitoring Tools bzw. Suchmaschinen verwendet wird.

Link

Verknüpfung zwischen verschiedenen Webinhalten.

Many-to-Many-Kommunikation

Zwei-Wege-Dialog. Viele Kommunikationsteilnehmer kommunizieren über Social Media-Plattformen mit vielen anderen Teilnehmern und treten in einen Dialog.[13]

Mash Up

Anwendungsprogramme, die Inhalte und Funktionalitäten verschiedener Online-Plattformen kombinieren.[14]

Monitoring

Überwachung und Beobachtung von bestimmten Situationen und Vorgängen.

Multiplying Effekt

Erhöhung der Werbewirkung durch den kombinierten Einsatz verschiedener Medien.[15]

Netto-Reichweite

Anzahl der Personen, die durch den Werbeträger bzw. die Kombination der Werbeträger erreicht werden. Überschneidungen mehrfach erfasster Personen werden eliminiert.[16]

---

[12] Vgl. Google Inc. (2010) o.S.
[13] Vgl. BVDW e.V. (2009) S. 58.
[14] Vgl. Stanoevska-Slabeva, K. (2008) S. 32.
[15] Vgl. Peters, J.(2006) S. 36 f.
[16] Vgl. AGOF (2010b) S. 7.

Nutzer

Person, die von einem Online-Angebot Gebrauch macht.

One-to-Many-Kommunikation

Ein-Weg-Kommunikation. Unternehmen ist im Kommunikationsprozess der alleinige Sender von Informationen.[17]

Online Community

Netzgemeinschaft, in der eine soziale computergestützte Interaktion der Mitglieder untereinander erfolgt und so gemeinsame Bindungen geschaffen werden.[18]

Page Impressions

Spiegelt wider, wie oft der nutzerinduzierte Abruf eines Online-Angebotes erfolgt ist.[19]

Pingback

Automatisierter Trackback. Eintrag des Trackback Kommentars wird automatisch von der Blog-Software übernommen.

Post

Eintrag bzw. Notiz, die von Nutzern auf Social Media-Plattformen hinterlassen wird.

Prosument

Internetnutzer ist sowohl Konsument als auch Produzent von Informationen.[20]

Pull-Kommunikation

Kommunikation, bei der die Nachfrage nach Informationen vorrangig vom individuellen Nutzer ausgeht.[21]

Push-Kommunikation

Kommunikation, die nach dem klassischen Sender-Empfänger-Modell ausgerichtet ist. Unternehmen ist alleiniger Sender von Informationen.[22]

[17] Vgl. BVDW e.V. (2009) S. 58.
[18] Vgl. Skibicki, K. (2007) S. 17.
[19] Vgl. AGOF (2010b) S. 7.
[20] Vgl. BVDW e.V. (2009) S. 5.
[21] Vgl. Kollmann, T. (2009) S. 25.

Push-Kommunikation

Kommunikation, die nach dem klassischen Sender-Empfänger-Modell ausgerichtet ist. Unternehmen ist alleiniger Sender von Informationen.[23]

Reporting

Berichte zum Verlauf einer Kampagne und zur Auswertung von Kennzahlen.

Return on Investment

Kapitalrentabilität bzw. Kapitalverzinsung.

RSS

Really Simple Syndication. Elektronisches Format, zum Austausch von Nachrichten und Inhalten.[24]

Social Media

Vielfalt von netzwerkbasierten Anwendungen, Technologien und Plattformen, die auf den Grundlagen des Web 2.0 aufbauen.[25]

Social Media Monitoring

Soziale Medien Beobachtung. Identifikation, Verfolgung und Auswertung von nutzergenerierten Beiträgen auf Social Media-Plattformen.[26]

Social Web

Beschreibt die Gesamtheit der netzwerkbasierten Anwendungen und Technologien, die Beziehungen der Personen, die diese Technologien nutzen und die daraus entstehenden Daten.[27]

Tags

Bezeichnet das Hinzufügen zusätzlicher Informationen zu einem Datenbestand.

Tausend-Kontakt-Preis

Gibt an wie hoch der Preis ist, um 1.000 Personen in einer Zielgruppe mit einem Werbeträger zu erreichen.[28]

---

[22] Vgl. Schwarz, T./Braun G. (2006) S. 25.
[23] Vgl. Schwarz, T./Braun G. (2006) S. 25.
[24] Vgl. addLeader Ltd. (2010) o.S.
[25] Vgl. Postman, J. (2009) S. 7.
[26] Infospeed GmbH (2010) o.S.
[27] Ebersbach, A./Glaser, M./Heigl, R. (2008) vgl. S. 31.
[28] Vgl. AGOF (2010b) S. 9.

Tool

Dienstprogramm, das als “Werkzeug” für spezielle Aufgaben eingesetzt wird.

Trackback

Funktion, die Rücklinks in Form von Kommentaren auf dem Blog erstellt. Dient als Information wenn Beiträge des Blogs zitiert und verlinkt werden.[29]

Tracking

Verfolgung von Nutzerbewegungen im Netz.

Unique Visitors

Gibt an, wie viele Personen innerhalb eines definierten Zeitraumes Kontakt zum Werbeträger hatten bzw. eine Seite besucht haben.[30]

User - siehe Nutzer

User Generated Content

Summe aller Inhalte, die von Nutzern auf Social Media-Plattformen erstellt werden.[31]

Verlinkung – siehe Link

Verweildauer

Gibt an, wie lange sich ein Nutzer auf einer bestimmten Webseite aufhält.

Viewer

Gibt Auskunft darüber, wie viele Personen sich ein Video, Foto etc. angeschaut bzw. aufgerufen haben.

Virale Kampagne

Kampagnen, die auf der epidemischen Verbreitung von Inhalten durch Mundpropaganda basiert.[32]

Virtuelle Showrooms

Verkaufsraum in Virtuellen Welten.

---

[29] Vgl. Schaltzeit GmbH (2010). o.S.
[30] Vgl. AGOF (2010b) S. 10.
[31] Vgl Kaplan A. M./Haenlein M. (2010) S. 61.
[32] Vgl. Langner, S. (2009) S. 27.

Web 2.0

Vielzahl an technologischen Innovationen, die es möglich machen, Nutzer aktiv in die Gestaltung von Inhalten zu integrieren.[33]

Widget

Kleine eigenständige Programme bzw. Anwendungen, die in Webseiten eingebunden werden und Informationen anzeigen bzw. Unterhaltungs-Tools beinhalten können.[34]

Workflow

Arbeitsfluss bzw. Arbeitsablauf.

[33] Vgl. Postman, J. (2009) S. 7.
[34] Vgl. Constantinides, E./Fountain, S. J. (2008) S. 233.

1 Einordnung und Ziel der Arbeit

Social Media – ein Schlagwort, das aus der heutigen Online-Welt nicht mehr weg zu denken ist. Immer mehr Unternehmen wollen sich aktiv am Social Web beteiligen, haben jedoch keine klaren Vorstellungen zur Bildung einer Social Media-Strategie. Es herrscht dabei sowohl Unklarheit über die Vielfältigkeit der Social Media-Plattformen als auch über die strategische Vorgehensweise zur Annäherung an dieses Thema.

Die vorliegende Arbeit soll Unternehmen als Leitfaden zur Entwicklung einer eigenen Social Media-Strategie dienen. Dabei wird sowohl ein Überblick über aktuelle Erscheinungsformen und Trends im Bereich Social Media gegeben als auch eine analytische Betrachtung vorherrschender traditioneller Strategieansätze durchgeführt. Durch die Zusammenführung dieser Analysen wird im letzten Teil der Arbeit die sukzessive Entwicklung einer individuellen Social Media-Strategie im Bereich der Kundenkommunikation beschrieben.

Einführend erhält der Leser einen Überblick über die thematische Einordnung von Social Media, die Veränderungen des traditionellen Kommunikationsprozesses und die daraus folgenden Implikationen für die Kundenkommunikation. Anschließend werden die einzelnen Social Media-Plattformen und ihre Funktionsweisen vorgestellt. Auf Grundlage dessen können sich Unternehmen ein erstes Bild von den Einsatzmöglichkeiten und den voraussichtlichen zukünftigen Trends bezüglich der Plattformen machen. Anschließend erfolgt die Auseinandersetzung mit verschiedenen strategischen Planungsansätzen und Denkschulen. Dabei werden die Prämissen und Grundmodelle von fünf Strategieschulen analysiert und ihre Anwendbarkeit auf Social Media evaluiert. Der Leser erhält im Zuge dessen fundierte Kenntnisse über die traditionellen strategischen Ansätze und Möglichkeiten, diese im Bereich Social Media anzuwenden. Durch die Synthese dieser beiden Teile der Arbeit erfolgt im abschließenden Kapitel die Ableitung eines Planungsprozesses für Social Media. Dieser gliedert sich in drei Phasen, in denen Schritt für Schritt der Entwurf einer Social Media-Strategie erläutert wird. Als Abschluss der Arbeit erfolgt eine Betrachtung der sich an die Implementierung anschließenden Phasen und den damit verbundenen Lernprozess.

Ergebnis dieser Arbeit ist somit die Vorstellung eines schrittweisen Planungsprozesses für Social Media, welchen der Leser individuell und situationsbezogen anwenden kann.

2 Social Media: Abgrenzung, Implikationen und Erscheinungsformen

2.1 Abgrenzung Social Media, Web 2.0 und User Generated Content

Der Begriff Web 2.0 ging erstmals im Jahre 2004 aus einem Brainstorming von Tim O'Reilly und Dale Dougherty hervor. Auf der darauf folgenden, von Tim O'Reilly organisierten, „Web 2.0 Conference" wurde er als Schlagwort für einen neuen Entwicklungstrend im Web geprägt.[35] Laut Postmann kann Web 2.0 „als eine Reihe von technologischen Innovationen"[36] aufgefasst werden, die es möglich machen, Nutzer aktiv in die Gestaltung von Inhalten zu integrieren. Diese Integration hat zur Folge, dass Informationen und Anwendungen nicht mehr nur von Individuen veröffentlicht, sondern gemeinschaftlich von allen Nutzern verändert und angepasst werden können. Als Teil einer kollektiven Intelligenz im Internet erfährt die individuelle Person so eine höhere Wertstellung.[37]

Wenn Web 2.0 die technologische Innovation ist, dann kann Social Media als eine Vielfalt von netzwerkbasierten Anwendungen, Technologien und Plattformen definiert werden, die auf den Grundlagen des Web 2.0 aufbauen.[38] Evans beschreibt Social Media durch die Auseinandersetzung mit den Definitionen von Sozial und Medien. Das Wort Sozial impliziert, dass die Nutzer soziale Wesen sind, die miteinander kommunizieren, interagieren und sich gegenseitig beeinflussen. Medien wiederum sind die Instrumente bzw. Objekte, mit denen Kommunikationsbotschaften zwischen den einzelnen Personen via Print, Audio, Video oder Fotografien übermittelt werden. Auf Social Media-Plattformen können Nutzer eigene Inhalte erstellen, Informationen, Meinungen und Erfahrungen untereinander austauschen und aktiv durch Empfehlungen und Kommentare mit anderen Personen interagieren. Dadurch entsteht eine soziale Beziehung zwischen den Nutzern.[39] Diese Beziehungen können einerseits durch die Interaktionen auf Social Media-Plattformen entstehen, andererseits

[35] Vgl. O'Reilly, T. (2005) o.S.
[36] Postman, J. (2009) S. 7.
[37] Vgl. Constantinides, E./Fountain, S. J. (2008) S. 232.
[38] Vgl. Postman, J. (2009) S. 7.
[39] Vgl. Evans, D. (2008) S. 3.

können die Plattformen aber auch genutzt werden, um bereits bestehende Beziehungen aufrechtzuerhalten und zu pflegen.[40]

Der Begriff User Generated Content kann als die Summe aller Inhalte, die von Nutzern auf Social Media-Plattformen erstellt werden, definiert werden. Dabei müssen vor allem drei Kriterien erfüllt sein:

- die Inhalte müssen auf einer allgemein zugänglichen Webseite veröffentlicht werden,
- müssen eine eigene kreative Leistung des Nutzers darstellen und
- dürfen kein professionelles Webangebot sein.[41]

2.2 Veränderung des Kommunikationsprozesses durch Social Media

Durch die aktive Integration von Nutzern in die Generierung von Inhalten, werden diese zu sogenannten Prosumenten. Das bedeutet, dass der Internetnutzer sowohl Konsument als auch Produzent von Informationen sein kann.[42] Nutzer haben also sowohl die Möglichkeit über Social Media-Plattformen eigene Inhalte zu generieren als auch Informationen anderer Personen zu empfangen. Diese können dann individuell bewertet und gegebenenfalls modifiziert werden. Durch diese Möglichkeit der gemeinschaftlichen Bearbeitung von Inhalten wird das traditionelle Sender-Empfänger-Modell nach Shannon & Weaver aufgelöst.[43] Das Unternehmen ist nicht mehr alleiniger Sender von Informationen, sondern nur ein Kommunikator von Vielen. Die Entwicklung geht somit weg von der klassischen Ein-Weg-Kommunikation (One-to-Many) hin zu einem Zwei-Wege-Dialog (Many-to-Many). Das heißt, viele Kommunikationsteilnehmer können über Social Media-Plattformen mit vielen anderen Teilnehmern kommunizieren und in einen Dialog treten.[44] Das hat weiterhin zur Folge, dass es für Unternehmen nicht sinnvoll ist nur einmalig Informationen aussenden. Vielmehr müssen sie in einen dauerhaften Kommunikationsprozess mit den Nutzern treten um die Potenziale dieser Entwicklung zu nutzen. Ein weiterer Aspekt ist der

---

[40] Vgl. van Zyl, A. S. (2009) S. 909.
[41] Vgl Kaplan A. M./Haenlein M. (2010) S. 61.
[42] Vgl. BVDW e.V. (2009) S. 5.
[43] Vgl. Shannon, C. E. (1948) S. 2.
[44] Vgl. BVDW e.V. (2009) S. 58.

Übergang von einer Push- zu einer Pull-Kommunikation. Die bisher vorherrschende Push-Kommunikation ist nach dem klassischen Sender-Empfänger-Modell ausgerichtet. Das heißt, dass das Unternehmen der alleinige Sender von Informationen ist. Diese werden zumeist über klassische Push-Medien wie z.B. Fernsehen, Radio oder Print-Medien an den Kunden, als Empfänger der Nachricht, übermittelt. Das Unternehmen versucht im Vorfeld der Kommunikation relevante Informationen zu finden, mit denen es den Kunden ansprechen kann. Somit kann der Empfänger keine Entscheidung darüber treffen, welche Inhalte er erhalten möchte oder als wichtig erachtet.[45] Bei der Pull-Kommunikation hingegen geht die Nachfrage nach Informationen vorrangig vom individuellen Nutzer aus. Unternehmen müssen aufgrund dessen einen Informationspool für den Nachfrager bereitstellen. Dieser bewertet und bestimmt selber die Nützlichkeit und Relevanz des jeweiligen Angebotes und wann er dieses in Anspruch nehmen möchte. Das Unternehmen als Informationsanbieter muss dabei ständig seine Inhalte an die Interessen der Nutzer anpassen, damit die Informationen relevant bleiben. Somit basiert die Pull-Kommunikation auf einem gleichberechtigten Dialog zwischen Unternehmen und Nutzern.[46]

2.3 Eigenschaften von Social Media-Instrumenten und Implikationen für die Kundenkommunikation

Basierend auf den Eigenschaften von Social Media kommt es vor allem im Bereich der Kundenkommunikation zu Veränderungen. Mast, Huck und Güller definieren Kundenkommunikation in Anlehnung an Lischka als:

> „Sämtliche kommunikative Maßnahmen eines Unternehmens (...), die einen dauerhaften, interaktiven Informationsaustausch zwischen dem Unternehmen und potenziellen sowie aktuellen Kunden ermöglichen mit dem Ziel, profitable Kundenbeziehungen aufzubauen und zu pflegen."[47]

Social Media wird von verschiedenen Autoren eine Reihe von Eigenschaften zugeschrieben. In Bezug auf die Kundenkommunikation spielen neben der gro-

---

[45] Vgl. Schwarz, T./Braun G. (2006) S. 25.
[46] Vgl. Kollmann, T. (2009) S. 25.
[47] Mast, C./Huck, S./Güller, K. (2005) S.15, in Anlehnung an Lischka, A. (2000) S. 50.

ßen Reichweite vor allem die Transparenz, Authentizität und Schnelligkeit der Kommunikation eine wichtige Rolle. Zusätzlich gehören Partizipation, die Vernetzung der User untereinander und Dezentralisierung zu weiteren Schlüsselfaktoren.[48] Daraus lassen sich verschiedene Implikationen für Unternehmen in Bezug auf die Kommunikation mit potenziellen bzw. aktuellen Kunden ableiten.

Transparenz und Authentizität: Unternehmen müssen sich bewusst sein, dass die Kommunikation im Internet transparent ist. Jeder Beitrag kann individuell überprüft und somit auch zu einem späteren Zeitpunkt noch nachvollzogen werden.[49] Andererseits ermöglicht Social Media aber auch einen transparenten Einblick in das Unternehmen, seine Fortschritte, Ziele und Strategien. Gerade durch die direkte Partizipation von Geschäftsführern, Vorstandsvorsitzenden etc., z.B. in Form von Blogeinträgen, kann eine hohe Authentizität geschaffen werden. Somit wird es möglich, dem Nutzer ein ungefiltertes und hochwertiges Informationsangebot anzubieten.[50]

Schnelligkeit: Ein weiterer wichtiger Aspekt der Kundenkommunikation im Internet ist die Unmittelbarkeit und die dadurch entstehende Schnelligkeit der Informationsverbreitung. Durch Social Media-Plattformen ist es möglich Texte, Fotos und Videos innerhalb von Minuten zu erstellen bzw. hochzuladen und zu verbreiten. Für Unternehmen ist dieser Aspekt besonders im Krisenmanagement von Bedeutung. Sie müssen angebracht und vor allem zeitnah auf externe Beiträge reagieren und Social Media-Instrumente für ihre eigene Unternehmenskommunikation nutzen. Andererseits kann diese Schnelligkeit der Informationsausbreitung z. B. für virale Kampagnen[51] genutzt werden. Diese können gezielt auf Social Media-Plattformen platziert und so innerhalb kürzester Zeit verbreitet werden.[52]

Partizipation: Weiterhin spielt die Partizipation der User eine wichtige Rolle. Durch die Teilnahme von Nutzern an Diskussionen und die Erstellung von eigenen Inhalten, haben Unternehmen erstmals einen individuellen Zugang zu verschiedenen Kundengruppen. Je nach Plattform und Medium können unter-

[48] Vgl. Postman, J. (2009) S. 9 ff.
[49] Vgl. Meckel, M. (2008) S. 114.
[50] Vgl. Postman, J. (2009) S.9.
[51] Kampagne, die auf der epidemischen Verbreitung von Inhalten durch Mundpropaganda basiert (vgl. Langner, S. (2009) S. 27).
[52] Vgl. Postman, J. (2009) S. 10.

schiedliche Kunden erreicht und ihre Meinungen und Interessen durch Monitoring Tools erforscht werden. Unternehmen können dann auf dieser Grundlage Kunden relevante Informationen anbieten und somit eine zielgerichtete Ansprache bzw. Änderung ihrer Produkte erreichen.[53] Aufgrund des Prozesses des Zuhörens und der darauffolgenden Anpassung der angebotenen Inhalte entsteht idealtypisch ein langfristiger Beziehungsaufbau zwischen Unternehmen und Kunden. Dieser wechselseitige Kommunikationsprozess kann jedoch nur aufgebaut werden, wenn die Inhalte des Unternehmens die Partizipation und Diskussionsbereitschaft der Nutzer anregen.[54]

Vernetzung und Dezentralisierung: Durch die aktive Teilnahme vieler Nutzer an der Generierung von Inhalten und die starke Vernetzung innerhalb und zwischen Social Media-Plattformen kommt es außerdem zu einer neuen Form der Informations- und Wissensgenerierung. Durch die Erstellung von Beiträgen beeinflusst jeder Teilnehmer den Inhalt des zur Verfügung stehenden Informationsangebotes. Unternehmen können somit zwar Informationen aussenden, diese werden jedoch in Bezug auf ihre Relevanz von den Usern beurteilt und kommentiert. Zusätzlich entsteht durch User-generierte Beiträge ein externes Informationsangebot zum Unternehmen, Produkt und Image, welches nur schwer durch das Unternehmen beeinflussbar ist.[55] Diese extern stattfindenden Diskussionen und Beiträge können vom Unternehmen aber auch positiv innerhalb der Kundenkommunikation genutzt werden. Durch die Identifikation von aktiven Befürwortern und Fans des Produktes, der Marke bzw. des Unternehmens können diese zur Imagebildung und Ansprache neuer Kunden genutzt werden. Diese können dann, in einem natürlichen Dialog zwischen den Nutzern, das Produkt bzw. die Marke aktiv in externen Netzwerken und Blogs verteidigen und das Image fördern.[56]

In dem Buch „The Cluetrain Manifesto" beschrieben die vier Internetexperten Locke, Levine, Searls und Weinberg schon 1999 die Entwicklungen der Kommunikations- und Geschäftsprozesse im digitalen Zeitalter. Besonders durch Social Media können diese Thesen in der heutigen Zeit bei realen Prozessen im

[53] Vgl. Postman, J. (2009) S. 11.
[54] Vgl. Mast, C./Huck, S./Güller, K. (2005) S. 63.
[55] Vgl. Meckel, M. (2008) S. 110.
[56] Vgl. Weinberg, T. (2009) S. 26.

Internet beobachtet werden.[57] In den 95 Thesen werden grundlegende Veränderungen innerhalb des Kundenkommunikationsprozesses beschrieben, die sich teilweise mit den vorher genannten Schlüsselfaktoren von Social Media decken. So ist im Bezug auf die Kundenkommunikation vor allem die Kernthese „Märkte sind Gespräche" von Bedeutung. Unternehmen sollen den Kommunikationszugang zu ihren Märkten nutzen, sich auf eine natürliche Kommunikation mit dem Kunden einlassen und eine langfristige Beziehung zu ihnen aufbauen. Dabei ist es essenziell, die neuen Wege der Informationsverbreitung und Wissensgenerierung zu beachten und neue Kommunikationsprozesse zu lernen. Nur so kann eine eigene Positionierung entwickelt werden.

Auch wenn sich viele der 95 Thesen des Cluetrain Manifestos zunehmend bewahrheiten, müssen sie kritisch hinterfragt werden. Zuerst ist zu beachten, dass die 95 Thesen keine empirisch fundierten Thesen darstellen. Zusätzlich können einige Aspekte auch heute nicht vollständig in der Online-Welt nachvollzogen werden. These 40 zum Beispiel besagt, dass „Unternehmen, die nicht zu einer „Community des Austausches gehören" sterben werden.[58] Überspitzt besagt diese These also, dass Unternehmen um jeden Preis in einen Dialog mit dem Markt treten müssen. Jedoch kann das in der Realität nicht in jedem Fall bestätigt werden. Viele Unternehmen, wie z.B. Storck, die sich aufgrund ihrer traditionellen Marketingausrichtung bis jetzt noch nicht für die Durchführung von Social Media-Maßnahmen entschieden haben, steigern ihre Umsätze auch ohne Social Media-Aktivitäten und platzieren sich erfolgreich im Markt.[59]

2.4 Erscheinungsformen von Social Media-Plattformen

Social Media-Plattformen können nach verschiedenen Aspekten kategorisiert werden. Kaplan und Haenlein teilen die Plattformen mithilfe von zwei Dimensionen ein. Eine Dimension zur Systematisierung von Medien ist die Medienreichhaltigkeit. Diese gibt an, wie viele Informationen innerhalb einer bestimmten Zeit durch dieses Medium übermittelt werden können und damit zusammenhängend, wie viel Soziale Präsenz in diesem Medium überhaupt möglich ist. Die zweite Dimension beschreibt die soziale Komponente, die bei

[57] Vgl. Hämmerlein, M. (2009) S. 23.
[58] Locke, C./Levine R./Searls, D./Weinberger, D. (1999) o.S.
[59] Vgl. August Storck KG (2010) o.S.

Kaplan und Haenlein darin besteht, wie hoch die Selbstpräsentation bzw. Selbstoffenbarung der Nutzer im Medium ist.[60] Aus diesen beiden Dimensionen entsteht dann folgende Einteilung der Social Media-Plattformen:

Tabelle 1: Social Media Klassifizierung nach den Dimensionen Medienreichhaltigkeit und Selbstpräsentation

		Medienreichhaltigkeit/Soziale Präsenz		
		Niedrig	**Mittel**	**Hoch**
Selbst-präsenta-tion	**Hoch**	Blogs	Soziale Netz-werke	Virtuelle Soziale Welten
	Niedrig	Wikis	Media Sharing Communities	Virtuelle Spiel-welten

Quelle: Eigene Darstellung in Anlehnung an Kaplan, A. M./Haenlein, M. (2010) S. 62.

In Blogs und Wikis z.B. ist die individuelle soziale Präsenz und die Medienreichhaltigkeit niedrig. Sie erlauben meistens nur eine gering ausgeprägte Beziehung der Nutzer untereinander und sind textbasiert. Im Gegensatz dazu ist es in Sozialen Netzwerken und in Media Sharing Communities möglich, multimedial Inhalte auszutauschen und vor allem in Sozialen Netzwerken ausgeprägte soziale Beziehungen entstehen zu lassen und zu pflegen. Virtuelle Welten in der höchsten Kategorie der Medienreichhaltigkeit versuchen, komplette zwischenmenschliche Interaktionen im Internet abzubilden und erfordern somit auch einen hohen Anteil an Selbstpräsentation ihrer Nutzer.

Li und Bernoff kategorisieren in ihrem Buch „Groundswell“ Social Media-Plattformen vor allem danach, wie Nutzer mithilfe von Social Media-Diensten aktiv werden können. Dabei stehen ihnen laut Li und Bernoff folgende sechs Möglichkeiten zur Verfügung: Nutzer können Inhalte kreieren; sich mit anderen Personen vernetzen; mit ihnen kollaborieren; auf Beiträge anderer Nutzer reagieren; Inhalte gemeinsam organisieren und Plattformen nutzen, um Beiträge von verschiedenen Plattformen schneller sammeln und aufnehmen zu können. Anschließen werden die jeweiligen Plattformen diesen Aktivitäten zugeordnet.[61]

[60] Vgl. Kaplan, A. M./Haenlein, M. (2010) S. 61 f.
[61] Vgl. Li, C./Bernoff, J. (2008) S. 17 ff.

Zur Beschreibung der einzelnen Social Media-Plattformen wird im Folgenden die Einteilung der Social Media-Fachgruppe des BVDW[62] genutzt. Diese geht zwar von einem ähnlichen Ansatz wie Li und Bernoff aus, teilt Social Media-Plattformen aber nur in vier verschiedene Aktivitätskategorien: Communication, Collaboration, Multimedia Sharing und Entertainment.[63] Dieses Zuordnung ermöglicht eine übersichtliche Kategorisierung, muss aber vor allem im Bereich Communication auch kritisch betrachtet werden. Dem Cluster Communication werden vom BVDW die Plattformen Blogs, Microblogs, Social Networks, Social Network Aggregatoren, Podcasts, Newsgroups/Foren und Instant Messenger zugeordnet. Zieht man dabei die in *Kapitel 2.3* beschriebenen Eigenschaften von Social Media heran, muss man die Zuordnung von Instant Messenger kritisch hinterfragen. Social Media-Kommunikationsprozesse basieren vor allem auf einer Many-to-Many-Kommunikation. Zwischen Nutzern, die Instant Messaging-Dienste anwenden, kommt es allerdings überwiegend zu einer One-to-One-Kommunikation, bei der kein Dialog zwischen mehreren Personen öffentlich stattfindet. Über die Aufnahme von Podcasts zu Social Media-Diensten kann ebenfalls diskutiert werden, jedoch können Podcasts ähnlich wie Blogeinträge kommentiert und verlinkt werden, sodass dadurch ein öffentlicher Dialog mit Partizipation mehrerer Nutzer entstehen kann.

2.4.1 Plattformen zur Kommunikation

Im folgenden Kapitel werden die Kommunikationsplattformen Blogs, Microblogs, Soziale Netzwerke, Content-Aggregatoren, Podcasts und Newsgroups bzw. Foren näher untersucht.

Blogs: Ein Blog ist eine Webseite, auf der Personen bzw. Personengruppen tagebuchartig Einträge verfassen und regelmäßig aktualisieren. Diese Beiträge sind rückwärts chronologisch geordnet und können in Form von Text, Bildern, Audio- und Videobeiträgen erfolgen.[64] Unternehmen können Blogs als sogenannte Corporate Blogs führen. Darunter versteht man „persönliche oder thematische Nachrichtendienste, die von Unternehmen oder mit deren Unterstüt-

[62] Der Bundesverband Digitale Wirtschaft ist eine Interessenvertretung für Themen der digitalen Wirtschaft (vgl. BVDW (2010) o.S).
[63] Vgl. BVDW e.V. (2009) S. 6 ff.
[64] Vgl. Fleck, M./Kirchhoff L./Meckel M./Stanoevska-Slabeva, K. (2007) S. 236.

zung von Mitarbeitern als Website im Internet veröffentlicht werden".[65] Zurzeit nutzen diese Möglichkeit nur 12% der 100 größten deutschen Marken.[66] Zur Erstellung eines Blogs lassen sich im Internet eine Reihe von Diensten finden, die die professionelle Umsetzung unterstützen. Die bekanntesten Beispiele sind Blogger, WordPress, TypePad, blog.de und Livejournal.[67] Auf diesen Plattformen ist es nach der Anmeldung möglich, individuelle Blogs zu erstellen und mit Informationen und Beiträgen zu pflegen.

Microblogs: Microblogs stellen eine neue Art von Blogging-Diensten dar. Nutzer haben dabei die Möglichkeit, kurze Beiträge mit maximal 200 Zeichen auf Microblogging-Plattformen zu veröffentlichen.[68] Die Beiträge werden ebenfalls rückwärts chronologisch geordnet und können z.B. über das Web, E-Mail und SMS auch mobil verfasst werden. Wie auch bei normalen Blogs, können die Nutzer gegenseitig auf einzelne Beiträge reagieren, sie kommentieren und verlinken. Zusätzlich kann man die Nachrichten und Posts anderen Nutzer abonnieren, sodass man jederzeit über aktuelle Beiträge informiert ist.[69] Die bekanntesten Microblogging-Dienste sind Twitter, Plitter, Bleeper und Frazr.

Soziale Netzwerke: Soziale Netzwerke können laut Boyd und Ellison als webbasierte Services definiert werden, die es Individuen erlauben, ein öffentliches Profil auf der Plattform zu erstellen, eine Liste mit Kontakten aufzustellen und Kontaktlisten anderer Nutzer einzusehen und Verbindungen zu erkennen.[70] Sie ermöglichen somit, bestehende Beziehungen zwischen Individuen zu pflegen, aber auch neue anzubahnen und aufzubauen.[71] Aufgrund dieser Eigenschaften werden Soziale Netzwerke außerdem als eine Form der Online Community definiert, da eine soziale computergestützte Interaktion der Mitglieder untereinander entsteht und gemeinsame Bindungen geschaffen werden.[72] Mitglieder Sozialer Netzwerke können auf diesen Plattformen ihre Profile mit persönlichen Informationen, Fotos, der Angabe von weiterführenden Links oder mit spezifischen Plattformgestaltungsmöglichkeiten wie Musikplayer, Pinnwand oder Vi-

---

[65] Universität Oldenburg/construktiv (2009) S. 27.
[66] Vgl. Universität Oldenburg/construktiv (2009) S. 6.
[67] Vgl. BVDW e.V. (2009) S. 6.
[68] Vgl. BVDW e.V. (2009) S. 7.
[69] Vgl. Twitter, (2010) o.S.
[70] Vgl. Boyd, D.M./Ellison N.B. (2007) S. 211.
[71] Vgl. Li, C./Bernoff, J. (2008) S. 5.
[72] Vgl. Skibicki, K. (2007) S. 17.

deos individualisieren.[73] Zusätzlich ist es möglich, sogenannte Apps[74] zu nutzen. Diese können von Entwicklern mithilfe von APIs[75] erstellt und dann von Nutzern auf ihren Profilseiten installiert werden. Soziale Netzwerke bieten somit vielfältigste Möglichkeiten zur sozialen Interaktion, die zum Beispiel in Form von gemeinsamen Spielen, das Verfassen von Pinnwandeinträgen oder neuen Freundschaften erfolgen kann. Die bekanntesten Sozialen Netzwerke sind die VZ-Netzwerke, Facebook, Xing, MySpace, wer-kennt-wen, Stayfriends und Lokalisten.

Content-Aggregatoren: Content-Aggregatoren sind Anwendungen bzw. Plattformen, auf denen Nutzer mithilfe von sogenannten RSS Feeds und Widgets individuelle Inhalte aus verschiedenen Webseiten und Plattformen zusammenstellen können. RSS Feeds entsprechen kurzen Nachrichten, welche mit einem Textanriss und einem Link zur Informationsquelle versehen sind. Mithilfe von RSS Feeds können Nutzer Neuigkeiten einer Webseite abonnieren. Widgets sind kleine eigenständige Programme bzw. Anwendungen, die in Webseiten eingebunden werden und Informationen anzeigen bzw. Unterhaltungs-Tools beinhalten können.[76] Social Network-Aggregatoren im Speziellen ermöglichen die zentrale Bereitstellung von Informationen aus verschiedenen Sozialen Netzwerken, die für den User interessant sind.[77] Die bekanntesten Content-Aggregatoren sind iGoogle, My Yahoo! und Netvibes. Auf diesen Plattformen können sich User eine individuelle Startseite mit Web-Inhalten anlegen. Bekannte Social Network-Aggregatoren sind friendfeed, Lifestream.fm, spokeo und AOL Lifestream.

Podcasts: Podcasts sind Audio- und Videodateien, die im Internet veröffentlicht werden und von Nutzern direkt auf einer Webseite gehört oder auf ihren Computer bzw. MP3 Player heruntergeladen werden können. Das Besondere dabei ist die Möglichkeit, regelmäßig erscheinende Podcasts zu abonnieren.[78] Durch diese Funktion entsteht die Möglichkeit, einen regelmäßigen Empfängerkreis

---

[73] Vgl. Beck, A. (2007) S. 9.
[74] Apps sind kleine Anwendungsprogramme, die auf Smartphones und auf Social Media-Plattformen vielfältig genutzt werden können.
[75] APIs sind genormte Programmierschnittstellen für Anwendungsprogramme, über die Informationen und Daten ausgetauscht werden können (vgl. YouTube Inc. (2010) o.S).
[76] Vgl. Constantinides, E./Fountain, S. J. (2008) S. 233.
[77] Vgl. BVDW e.V. (2009) S. 7.
[78] Vgl. Clement M./Papies D. (2007) S. 336 f.

aufzubauen. Podcasts können dabei verschiedenste Inhalte thematisieren und ähnlich wie Blogs sowohl privat als auch geschäftlich bzw. auf professioneller Ebene genutzt werden.[79] Bekannte Podcast-Dienste sind zum Beispiel: Podcast.de, Podster und Podcastplus.

Newsgroups/Foren: Newsgroups und Foren stellen Plattformen dar, die es den Nutzern ermöglichen, Ideen und Informationen auszutauschen. Die Kommunikation erfolgt zumeist zeitversetzt und läuft nicht in Echtzeit ab. Foren thematisieren dabei normalerweise ein spezielles Themengebiet, zu dem Nutzer ihre Meinungen, Fragen und Erfahrungen austauschen können.[80] Eine große Bedeutung besitzen diese Foren beim Austausch von Usermeinungen und ihren Erfahrungen in Bezug auf bestimmte Produkte. Bekannte Foren sind zum Beispiel: ciao, kelkoo, dooyoo und wer-weiss-was.

2.4.2 Plattformen zur Kollaboration

Im Folgenden werden Wikis, Social Bookmarking-Dienste und Social News-Seiten als Beispiele für kollaborative Social Media-Plattformen näher betrachtet.

Wikis: Wikis sind Plattformen, auf denen Nutzer Beiträge und Inhalte generieren, pflegen und aktualisieren. Das Besondere dabei ist, dass die Beiträge von verschiedenen Nutzern verändert, angepasst und auf den neuesten Stand gebracht werden können.[81] Zusätzlich lassen sich einzelne Inhalte untereinander verlinken, sodass eine kollektive Intelligenz entsteht.[82] Im Zuge des Wissensmanagements innerhalb des Unternehmens können Wikis z.B. in den Bereichen Forschung und Entwicklung oder Projektmanagement effektiv genutzt werden. Bekannte öffentliche Wikis mit verschiedenen Themenschwerpunkten sind: Wikipedia, Knol, Wikia, wikiHow und DMOZ.

Social Bookmarking-Dienste: Social Bookmarking-Dienste ermöglichen es den Nutzern, Sammlungen von Lesezeichen im Internet anzulegen. Durch Schlagworte, sogenannte Tags, können interessante Webinhalte gemeinschaftlich indexiert und auf Social Bookmarking-Plattformen mit anderen Nut-

[79] Vgl. Mayfield, A. (2008) S. 21.
[80] Vgl. Constantinides, E./Fountain, S. J. (2008) S. 233.
[81] Vgl. Beck, A. (2007) S. 6.
[82] Vgl. O'Reilly, T. (2005) o.S.

zern öffentlich geteilt werden.[83] Diese gemeinsame Sammlung und Kategorisierung von Inhalten wird in der Literatur auch als Folksonomy bezeichnet. Zusammengesetzt aus den Wörtern Folk und Taxonomie, beschreibt Folksonomy die Klassifizierung von Inhalten im Internet durch die Nutzer.[84] Bekannte Social Bookmarking-Dienste im Internet sind zum Beispiel: Delicious, Mister Wong, StumbleUpon, Oneview und LinkARENA.

Social News-Seiten: Auf Social News-Seiten können Nutzer, ähnlich wie bei Social Bookmarking-Diensten, selbst entscheiden welche Nachrichten für sie interessant sind. Auf diesen Webseiten haben Nutzer die Möglichkeit, für Online-Artikel, -Bilder und -Videos, zu voten.[85] Nach Themen geordnet können dann die aktuellsten und beliebtesten Nachrichten abgerufen werden. Nachrichten, die sich aufgrund ihrer Beliebtheit auf der Startseite von Social News-Plattformen befinden, erfahren häufig einen großen Besucheransturm und verbreiten sich dadurch schnell im Social Web.[86] Die bekanntesten Social News-Dienste sind die englischsprachigen Plattformen Digg, reddit und YahooBuzz. Weitere beliebte deutsche Dienste sind zum Beispiel webnews.de und yigg.de.

2.4.3 Multimedia-Plattformen

Im nächsten Abschnitt werden Foto und Video Sharing-Dienste und Music Sharing-Dienste als Beispiele für Multimedia-Plattformen vorgestellt.

Foto und Video Sharing-Plattformen: Nutzer können Foto und Video Sharing-Dienste nutzen, um ihre Inhalte auf diese Plattform hochzuladen und so für andere Nutzer öffentlich zugänglich zu machen. Anschließend können diese Videos bzw. Fotos kommentiert, bewertet, verlinkt und weiterempfohlen werden. Somit teilen die Nutzer beliebte Videos und Fotos untereinander.[87] Populäre Videoportale sind z.B. YouTube, sevenload, MyVideo, Clipfish und Dailymotion. Bekannte Foto Sharing-Plattformen sind Flickr, Zoomr, photobucket, SmugMug und Windows Live Fotos.

[83] Vgl. Raabe, A. (2009), S. 45.
[84] Vgl. Li, C./Bernoff, J. (2008) S. 13.
[85] Vgl. Kreßner, T. (2007) S. 59.
[86] Vgl. Weinberg, T. (2009) S. 9 f.
[87] Vgl. BVDW e.V. (2009) S. 8.

Music Sharing-Plattformen: Auf Music Sharing-Plattformen können Nutzer, ähnlich wie bei Video bzw. Foto Sharing-Plattformen, ihren Musikgeschmack mit anderen Nutzern teilen. Auf ihrem Benutzerprofil können Nutzer eigene Charts und Wiedergabelisten mit der von ihnen gehörten Musik erstellen. Auf Grundlage dieser individuellen Charts können dann Empfehlungen für Personen mit einem ähnlichen Musikgeschmack entwickelt werden. Zusätzlich können sich die Nutzer untereinander befreunden und so direkte Musikempfehlungen weitergeben und erhalten.[88] Die beliebtesten Music Sharing-Plattformen zum Austausch von musikalischen Vorlieben sind Last.fm, simfy, und ilike.

2.4.4 Entertainment-Plattformen

Als Beispiele für Entertainment-Plattformen werden im Folgenden Virtuelle Soziale Welten und Virtuelle Spielwelten näher betrachtet.

Virtuelle Soziale Welten: Virtuelle Soziale Welten sind Online-Plattformen, die eine dreidimensionale, interaktive Umwelt nachbilden. Nutzer können in diesen Welten in Form eines personalisierten Avatars, d.h. als künstliche Online-Person, auftreten und mit der Umgebung und anderen Nutzern interagieren. Dabei können sie ihre Avatare und ihr Verhalten im virtuellen Raum frei gestalten und so, ähnlich wie in der realen Welt, sich selbst präsentieren.[89] Beliebte Virtuelle Welten sind: Second Life, Habbo, Twinity, WeeWorld und sMeet.

Virtuelle Spielwelten: Virtuelle Spielwelten bilden, ähnlich wie Virtuelle Soziale Welten, eine dreidimensionale Welt ab. Im Gegensatz zu Virtuellen Welten, sind Virtuelle Spielwelten in ihrer Gestaltung realitätsferner. In diesen Welten können Nutzer mit ihren virtuellen Fantasiefiguren spielen und je nach Inhalt und Spielregeln des Online-Rollenspiels, verschiedene Aufgaben und Herausforderungen bestehen.[90] Bekannte Virtuelle Spielwelten sind zum Beispiel World of Warcraft, GuildWars und travian.

[88] Vgl. Last.fm Ltd. (2010) o.S.
[89] Vgl. Kaplan A. M./Haenlein M. (2010) S. 64.
[90] Vgl. Kaplan A. M./Haenlein M. (2010) S. 64.

2.4.5 Trends innerhalb der Entwicklung von Social Media-Plattformen

Die wichtigsten Entwicklungsströme in Bezug auf Social Media und Web 2.0 stellen die mobile Nutzung von Social Software und die Vernetzung, Verknüpfung und Aggregation von Social Media-Inhalten dar.[91]

Social Media-Dienste werden zunehmend auf dem Handy bzw. auf mobilen Endgeräten genutzt. Mithilfe dieser Geräte werde Inhalte wie Fotos, Videos bzw. Texte unterwegs erstellt und anschließend direkt auf Social Media-Plattformen eingebunden.[92] Zusätzlich lassen sich eine Vielzahl von Apps auf das Handy herunterladen. Durch diese Programme können Nutzer die Funktionen ihres Handys erweitern und zum Beispiel auf Soziale Netzwerke, Blogs oder andere Social Media-Plattformen zugreifen. Ein spezieller Trend im Bereich mobiler Nutzung ist die sogenannte Mobile Social Software. Diese basiert auf der Bestimmung der geographischen Position des Nutzers durch GPS bzw. die Ortungsdienste des Mobilfunkanbieters. Somit lassen sich zum Beispiel Bekannte anzeigen, die sich in der näheren Umgebung aufhalten. Zusätzlich können Nutzer Kommentare über besuchte Plätze und Orte hinterlassen, auf die andere Personen dann durch einen sogenannten Mobile Search zugreifen können. Infolgedessen können sich Personen mit einem internetfähigen Endgerät relevante Informationen für ihre individuelle geographische Position anzeigen lassen.[93]

Der Trend der Vernetzung, Verknüpfung und Aggregation von Social Media-Inhalten spiegelt sich vor allem durch die Nutzung von Mash Ups und Content-Aggregatoren wider. Mash Ups sind „webbasierte Anwendungen, die Inhalte und Funktionalitäten von unterschiedlichen Onlinequellen über öffentliche Schnittstellen importieren und diese zu neuen Applikationen kombinieren.[94] Somit können verschiedene Inhalte kombiniert und losgelöst von der eigentlichen Plattform genutzt werden. Zum Beispiel werden Karten von Google Maps mit Informationen von Wikipedia oder Bilder von Flickr angereichert und erfahren so einen weiteren bzw. neuen Nutzen.[95] Content-Aggregatoren sind, wie

[91] Vgl. Künzler S./Iltgen A. (2008) S. 53.
[92] Vgl. Raabe, A. (2009) S. 49.
[93] Vgl. Alby, T. (2008) S. 175.
[94] Stanoevska-Slabeva, K. (2008) S. 32.
[95] Vgl. Kollmann, T./Häsel M. (2007) S. 110.

schon im *Kapitel 3.1.4* beschrieben, Dienste, die den Nutzern eine zentrale Bereitstellung von Inhalten verschiedener Social Media-Plattformen ermöglicht. Aufgrund der steigenden Anzahl von Social Media-Plattformen und der zunehmenden Menge an User Generated Content, erhalten diese Dienste eine immer stärkere Bedeutung.[96]

[96] Vgl. Alby, T. (2008) S. 180.

3 Planung vor dem Hintergrund verschiedener strategischer Denkschulen

3.1 Planungsprozess als Aufgabe

Social Media verändert mit seiner Vielzahl an Plattformen und Diensten die traditionellen Kommunikationsparadigmen. Für Unternehmen stellen sich dabei vor allem die Fragen, wie diese Plattformen optimal genutzt werden können und welcher strategischer Ansatz verfolgt werden sollte.

Konversationen im Social Web über das Unternehmen, die Marke bzw. das Produkt erfolgen schon jetzt und auch ohne die Anwesenheit des Unternehmens. Nutzer tauschen ihre Meinungen und Erfahrungen untereinander aus und lassen ein allgemeines Stimmungsbild entstehen. Nach Meinung der Autorin ist es deshalb wichtig, dass Unternehmen bestehende Potenziale erkennen und mit einer gezielten Strategie in das Social Web einsteigen.

Durch einen Eintritt in diese Gespräche können Unternehmen die Konversationen auf den Plattformen aktiv beeinflussen. Zusätzlich entstehen vielfältige effiziente Einsatzmöglichkeiten für Social Media in den einzelnen Unternehmensbereiche. Im Bereich Personal können Social Media-Plattformen zum Beispiel für Recruiting-Zwecke genutzt werden. Weiterhin ergeben sich große Potenziale in Bezug auf die interne Kommunikation und das Wissensmanagement innerhalb des Unternehmens. So können Social Media-Dienste genutzt werden, um den Wissensaustausch im Unternehmen zu fördern und zu organisieren. Im Bereich Forschung und Entwicklung kann Social Media ebenfalls in die Wertschöpfungskette integriert werden. Nutzer können über Social Media-Plattformen aktiv an der Entwicklung von neuen Produkten beteiligt werden und Impulse für Innovationen geben. Dabei ist es weiterhin möglich, Produkte kundenspezifisch zu individualisieren und somit auch für den Vertrieb neue Kanäle zu öffnen. Im Bereich Marketing bieten sich umfassende Werbe- und Kommunikationsmöglichkeiten in Hinsicht auf bestehende und potenzielle Kunden. Durch den direkten Kontakt zur Zielgruppe können ungefilterte Kundenmeinungen gesammelt und in Marktforschungsdaten integriert werden. Infolgedessen kann auch die Kundenansprache zielgerichteter erfolgen. Durch die starke Vernetzung der Nutzer innerhalb des Social Webs und die Schnelligkeit der Informationsverbreitung können Kampagnen individuell und reichweitenstark umgesetzt werden. Somit bewirkt Social Media bei gezieltem Einsatz Effektivitäts- und Effizienzsteigerungen entlang der Wertschöpfungskette.

Viele Unternehmen verzichten jedoch immer noch auf eine explizite Social Media-Strategie. Laut einer PR-Trendmonitor-Blitzumfrage besitzt nur jedes dritte deutsche Unternehmen eine Social Media-Strategie.[97] Dabei können gerade im Social Web unüberlegte und halbherzige Aktivitäten die Kundenbindung und Nutzermeinungen gefährden. Aufgrund der Transparenz und der Schnelligkeit der Informationsweitergabe verbreiten sich fehlerhafte Kampagnen und Inhalte in rasanter Geschwindigkeit. Weiterhin basiert Social Media vor allem auf der Beteiligung und der Konversation mit dem Nutzer. Wird diese Kommunikation nicht durch überlegte Aktivitäten auf den Plattformen gefördert, verliert das Unternehmen einen wertvollen Zugang zu seiner Zielgruppe und verschwendet Ressourcen. Somit sollten Unternehmen, bevor sie in das Social Web eintreten, eine gezielte Analyse- und Planungsphase durchlaufen, um ihre Zielgruppe fokussiert ansprechen zu können.

Aufgrund fehlender Erfahrung und begrenztem Know-how in Bezug auf Social Media, fällt es allerdings vielen Unternehmen schwer, systematisch eine Social Media-Strategie zu entwickeln. Die Komplexität, die hinter einer solchen Strategieentwicklung für Social Media steht, wird dabei von vielen unterschätzt.

Zusätzlich ist zum heutigen Zeitpunkt die Entwicklung einer Social Media-Strategie zwar ein vieldiskutiertes Thema, jedoch gibt es nur wenige umfangreiche Ansätze, die den Planungsprozess und die Strategie vom Anfang bis zum Ende analysieren und Unternehmen so einen Weg zur Strategiebildung aufzeigen. Viele Blogbeiträge und Inhalte ähnlicher Medien befassen sich mit Teilen der Strategiebildung, wie z.B. der Auswahl der geeigneten Plattformen, und können somit nur als Ansatzpunkte für eine Social Media-Strategie dienen. Zusätzlich wird dabei die Verknüpfung mit bewährten traditionellen Strategieansätzen zumeist vernachlässigt. Aufgrund dessen kann hier eine große Notwendigkeit für eine komplexe Betrachtung des Strategieprozesses vermerkt werden.

---

[97] Vgl. news aktuell GmbH/Faktenkontor GmbH (2010) o.S.

Eine wichtige Grundlage zur Entwicklung einer fundierten Social Media-Strategie stellen dabei, wie schon erwähnt, die traditionellen strategischen Denkschulen dar. Diese Schulen können aufgrund ihrer Prämissen und Grundmodelle evaluiert und passende strategische Instrumente und Ansätze zur Entwicklung einer individuellen Social Media-Strategie gefunden werden. Die Planung kann somit als eine komplexe Aufgabe erkannt werden, in der es gilt, traditionelle Strategiewerkzeuge zu analysieren und zu evaluieren, sodass der Planungsprozess für Social Media in seiner Komplexität abgebildet werden kann.

3.2 Ansätze strategischer Denkschulen und Bewertung in Bezug auf Social Media

Der Begriff Strategie findet in der Literatur verschiedene Auffassungen und Definitionen. Die größten Unterschiede in der Begriffsabgrenzung bestehen dabei zwischen präskriptiven und deskriptiven Denkschulen. Laut Ansoff kann der Begriff Denkschule als eine Reihe von verschiedenen Ideen bzw. Theorien definiert werden, die durch ein gemeinsames Paradigma verknüpft sind.[98]

Präskriptive Denkschulen versuchen zu erklären, wie eine Strategie formuliert werden sollte. Sie sind deshalb in der Regel eng mit strategischen Planungsmethoden verbunden. Planungsmethoden sind dabei als „Ansätze zu verstehen, die dem Planer helfen, unter den alternativen Handlungsmöglichkeiten die dem Ziel am besten dienende auszuwählen".[99] In den präskriptiven Denkschulen wird also der Sachverhalt analysiert, es werden Handlungsmöglichkeiten gesucht und anschließend die optimale Lösung implementiert.[100] Somit ist eine Strategie innerhalb dieser Denkschulen explizit und wird vor der Implementierung bewusst und absichtlich geplant.[101] Eine weitere grundlegende Annahme der präskriptiven Denkschulen ist die relative Stabilität der Umwelt, durch die eine umfassende Planung im Vorfeld erst ermöglicht wird.[102]

[98] Vgl. Ansoff, I. H. (1987) S. 501 f.
[99] Brede, H. (2004) S. 124.
[100] Vgl. Speckgens, S. (2004) S. 1.
[101] Vgl. Mintzberg, H. (1978) S. 935.
[102] Vgl. Kraus, S. (2006) S. 41.

Deskriptive Denkschulen hingegen versuchen zu beschreiben und zu erklären, wie Strategien entstehen. Eine Strategie kann also nicht als eine exakt im Voraus geplante Handlungsalternative angesehen werden, sondern entwickelt sich durch den Einfluss von Umweltfaktoren im Verlauf der Implementierung heraus.[103] Mintzberg beschreibt aufgrund dessen Strategie als ein sich herausbildendes Muster im Strom einer Vielzahl von Entscheidungen. Sie erscheinen folglich meistens erst im Rückblick als ein konsistentes Strategiemuster.[104] Somit ist das Ziel der deskriptiven Denkschulen nicht eine exakt geplante Strategie, sondern die Erforschung der Rahmenbedingungen für emergente Strategien.

Im Folgenden werden die Ansätze der Designschule, Planungsschule und Positionierungsschule als Beispiele für die präskriptiven Denkschulen und die Lernschule und Konfigurationsschule als Teil der deskriptiven Schulen vorgestellt.

3.2.1 Designschule

Die Designschule ist eine der wichtigsten Denkschulen und bildet die Grundlage für viele andere Denkschulen. Sie hat sich in den 60er Jahren heraus entwickelt und wurde maßgeblich durch die General Management Group an der Harvard Business School geprägt.[105] Laut Mintzberg, Ahlstrand und Lampel liegt der Schwerpunkt der Designschule in der „Anpassung der internen Fähigkeiten an die externen Möglichkeiten beziehungsweise eine Harmonisierung zwischen beiden“.[106] Zur Evaluierung der externen Situation werden dabei verschiedene Faktoren herangezogen. So ist zum Beispiel die Analyse der Branchenstruktur und der Veränderungen im gesellschaftlichen, politischen, wirtschaftlichen und technologischen Umfeld von Bedeutung. Ebenso zählen veränderte Bedingungen im Markt, im Wettbewerb und bei den Lieferanten zu Aspekten, die die Bedrohung und die Chancen der externen Umgebung bestimmen.[107] Zur internen Bewertung werden vor allem die Stärken und Schwächen innerhalb der Organisation analysiert. Basierend auf den Stärken eines Unternehmens können somit distinktive Kompetenzen identifiziert werden. Distinktive Kompetenzen sind da-

[103] Vgl. Mintzberg, H./Ahlstrand, B./Lampel, J. (2002) S. 18.
[104] Vgl. Mintzberg, H. (1978) S. 935.
[105] Vgl. Stieglitz, N. (2004) S. 41.
[106] Mintzberg, H./Ahlstrand, B./Lampel, J. (2002) S. 38.
[107] Mintzberg, H./Ahlstrand, B./Lampel, J. (2002) S. 40 ff.

bei Aspekte bzw. Aktionen, bei denen das Unternehmen besser abschneidet als seine Konkurrenten und somit Wettbewerbsvorteile entwickeln kann.[108]

Ein häufig angewandtes Instrument der Designschule, ist die SWOT-Analyse. Diese besteht aus einer Stärken-/Schwächen-Analyse und einer Chancen-/Risiken-Analyse. Innerhalb der Stärken-/Schwächen-Analyse werden interne Unternehmensfaktoren und Ressourcen analysiert. Im Rahmen der Chancen-/Risiken-Analyse werden externe, das heißt nicht unternehmensbezogene Faktoren untersucht, die die Grundlage für Veränderungen der Umweltfaktoren sein könnten bzw. sind. Um strategische Handlungsoptionen abzuleiten, werden dann diese zwei Analysen in einer Vier-Felder-Matrix in Verbindung zueinander gesetzt.[109]

		Externe Analyse	
		Chancen	**Risiken**
Interne Analyse	**Stärken**	Wie können Stärken genutzt werden, um Chancen zu nutzen?	Wie können Stärken genutzt werden, um Risiken abzuwenden?
	Schwächen	Wie können Schwächen eliminiert werden, um Chancen zu nutzen?	Wie können Schwächen überwunden werden, um Risiken nicht zu einer realen Bedrohung werden zu lassen?

Abbildung 1: SWOT-Analyse

Quelle: Eigene Darstellung in Anlehnung an Hungenberg, H. (2004) S. 85.

Basierend auf dieser Matrix können strategische Handlungsalternativen gefunden und anschließend bewertet werden, um so die optimale Handlungsoption für die Implementierung zu finden. Mintzberg, Ahlstrand und Lampel verweisen in ihrem Buch „Strategy Safari“ auf die von Richard Rumelt vorgestellten Faktoren zur Evaluierung. Im Rahmen seiner Strategiebewertung sind vor allem die Faktoren Konsistenz, Konsonanz, Machbarkeit und Vorteil von Bedeutung. Das heißt, bei der Auswahl einer passenden Strategie muss auf die Konsistenz der

[108] Vgl. Hoßfeld, O. (2005) S. 3.
[109] Vgl. Runia, P./Wahl, F./Geyer, O./Thewißen,C. (2007) S. 61.

Ziele und Grundsätze geachtet werden. Zusätzlich muss sie im Einklang mit den Veränderungen der externen Umgebung stehen und auf die verfügbaren Ressourcen abgestimmt sein. Weiterhin soll die Strategie dem Ausbau bzw. Erhalt von Wettbewerbsvorteilen gegenüber Konkurrenten dienen.

Nach der Auswahl der geeigneten Strategie, auf Grundlage der beschriebenen Faktoren, erfolgt die Implementierung. Mit dem Schritt der Implementierung endet das Forschungsgebiet der Designschule.[110]

Der Designschule liegen somit eine Reihe von Prämissen zugrunde. Zu allererst soll der Strategieentwicklungsprozess bewusst und sorgfältig überlegt sein. Die Kontrolle über diesen Prozess liegt dabei beim Unternehmensleiter, der als Stratege fungiert. Der Designprozess einer Strategie soll einem einfachen und informellen Modell folgen, sodass eine explizite Strategie entstehen kann. Dieser Prozess endet, wenn die Formulierung der Strategie abgeschlossen ist. Erst dann kann die Phase der Implementierung folgen.[111]

In Bezug auf Social Media lässt sich die Designschule durch die Verwendung einzelner Instrumente und Aspekte für die Entwicklung einer Social Media-Strategie nutzen. So besitzt z.B. die Untersuchung von internen Stärken und Schwächen und der externen Umwelt zur Festlegung eines Handlungsrahmens eine wichtig Rolle. Zusätzlich können dadurch Impulse für weitere strategische Diskussionen gegeben werden. Einerseits kann die SWOT-Analyse somit als grundlegende Analyse im Vorfeld der Strategieentwicklung genutzt werden. Andererseits findet sie auch innerhalb der Wertschöpfungskette in den Bereichen Forschung und Entwicklung bzw. Produktion ihren Einsatz. Zum Beispiel können die von Nutzern entwickelte Produkte bzw. Innovationen mithilfe der SWOT-Analyse analysiert und ihre Chancen im Markt evaluiert werden.

Jedoch beschränken vor allem die Prämissen der Designschule ihre weitere Anwendung in Bezug auf Social Media. Sie konstituieren zwei wesentliche Probleme. Das Erste besteht in der Prämisse der vorweggenommenen expliziten Formulierung der Strategie. Eine Strategie muss innerhalb der Designschule präzise geplant und anschließend exakt nach diesem Plan umgesetzt wer-

[110] Vgl. Mintzberg, H./Ahlstrand, B./Lampel, J. (2002) S. 42.
[111] Vgl. Schulte-Derne, M. (2005) S. 47.

den. Infolgedessen werden stabile Umweltbedingungen vorausgesetzt, da die Strategie nach der Implementierung nicht mehr geändert werden kann. Im Bereich Social Media erfolgen jedoch ständig dynamische Veränderungen. Fortlaufend entstehen neue Plattformen und Trends im Web 2.0, auf die Unternehmen mit ihrer Social Media-Strategie reagieren müssen. Die zweite Schwachstelle der Designschule besteht in der Trennung der Formulierung von der Implementierung. Dadurch entsteht eine Dichotomie zwischen Handeln und Denken. Durch diese Annahme wird außerdem der Prozess des Lernens und der dynamischen Anpassung ausgeschlossen.[112] Ein Unternehmen muss somit vor der Strategieimplementierung eine Strategie formulieren, ohne reale Erfahrungen in der gegebenen Umwelt gesammelt zu haben. Gerade diese Prämisse ist im Bereich Social Media kaum anwendbar. Aufgrund der dynamischen Beteiligung vielfältiger Nutzer im Web 2.0 und der neuen Kommunikationsweise, ist es für Unternehmen notwendig, erst einmal Erfahrungen im Umgang mit den Nutzern und deren Gesprächen auf Social Media-Plattformen zu sammeln. Sie müssen aus der individuellen Kommunikation mit den Nutzern Schlussfolgerungen ziehen und in zukünftigen Unterhaltungen mit der Zielgruppe anwenden. Folglich ist es schwierig, eine Strategie vor der Implementierung komplett zu definieren.

Zusammenfassend lässt sich somit feststellen, dass im Bereich Social Media die Designschule und im engeren Sinne die SWOT-Analyse vor allem im Vorfeld als richtungsweisende Analyse genutzt werden sollte. Die allgemeinen Prämissen jedoch können mit der Entwicklung einer dynamischen Social Media-Strategie nicht vereint werden

3.2.2 Planungsschule

Die Planungsschule bildete sich in den 70er Jahren heraus. Maßgeblichen Einfluss hatte dabei H. Igor Ansoff mit seinem 1965 erschienenen Buch „Corporate Strategy“. Die strategische Planung lässt sich dabei auf dasselbe Grundmodell zurückführen wie die Designschule. Grundlage bildet ebenfalls die Analyse interner und externer Faktoren eines Unternehmens. Der Unterschied innerhalb der strategischen Planung besteht darin, dass die einzelnen Phasen in ver-

[112] Vgl. Mintzberg, H./Ahlstrand, B./Lampel, J. (2002) S. 52.

schiedene übersichtliche Arbeitsschritte unterteilt und mit Checklisten bzw. Arbeitstechniken unterlegt werden.[113] Somit entsteht ein exakter Plan zur Entwicklung einer Strategie.

Innerhalb der unterschiedlichen Theorien der Planungsschule liegt eine mehr oder weniger exakte Aufgliederung der Phasen in die einzelnen Teilschritte vor. Grundsätzlich folgen aber alle Planungsmodelle einem einheitlichen Grundmodell.[114] Dieses gliedert sich in die Phasen: Zielsetzung, externe Prüfung, interne Prüfung, Evaluierung der Strategien und Umsetzung.[115] In der Zielsetzungsphase werden die Ziele des Unternehmens festgelegt und quantifiziert. Anschließend erfolgt die Prüfung der externen Faktoren durch die Anwendung umfassender Checklisten. So werden mögliche Zukunftsszenarien und Umweltbedingungen schrittweise analysiert. Innerhalb der internen Prüfung werden danach, ebenfalls in kleinen Schritten und mithilfe von Checklisten, interne Stärken und Schwächen des Unternehmens untersucht. Die auf Grundlage dieser Analysen entwickelten Strategien werden in der nächsten Phase evaluiert. Dazu stehen in der Planungsschule eine Reihe von Techniken zur Verfügung. Die meisten der Analysen sind dabei auf finanzielle Aspekte ausgerichtet, wie zum Beispiel die Ermittlungen des ROI, die Wertkurvenbetrachtung und die Risikoanalyse. Die ausgewählte Strategie wird dann in der Umsetzungsphase in einzelne Substrategien zerlegt, die in einen zeitlichen Rahmen eingeordnet werden. Somit entsteht ein System von langfristigen strategischen, mittelfristigen und kurzfristig operativen Plänen. Parallel dazu werden die einzelnen Ziele, Budgets und Maßnahmen ebenfalls in Hierarchiesystemen unterteilt, sodass ein umfassendes Planungssystem mit untergliederten Einzelschritten entsteht. Durch diese Untergliederung kann dann eine Kontrolle des Fortschritts vorgenommen werden.[116]

Somit unterliegt auch die Planungsschule verschiedenen Prämissen. Der Grundgedanke der Planungsschule ist, dass Strategieentwicklung einem kontrollierten Prozess der formalen Planung entspricht. Der gesamte Prozess der Strategieentwicklung unterliegt dabei, wie in der Designschule, dem Unterneh-

[113] Vgl. Mintzberg, H./Ahlstrand, B./Lampel, J. (2002) S. 64 f.
[114] Vgl. Kreikebaum, H. (1997) S. 38.
[115] Vgl. Müller-Stewens, G./Lechner, C. (2001) S. 45.
[116] Vgl. Mintzberg, H./Ahlstrand, B./Lampel, J. (2002) S. 66 ff.

mensleiter. Jedoch erfolgt die Ausführung der Strategie unter der Verantwortung der Planungsabteilung. Die formal entwickelten Strategien der Planungsschule müssen dabei zum Zeitpunkt der Implementierung fertig formuliert sein und exakt mit ihren Subplänen festgehalten werden. Nur so kann eine erfolgreiche Implementierung unter Beachtung von Zielen, Budgets und Maßnahmen erfolgen.[117]

In Bezug auf Social Media lässt sich die Planungsschule vor allem in der Phase der Zielbildung innerhalb des Strategieentwicklungsprozesses anwenden. Aufgrund der vielfältigen Einsatzmöglichkeiten von Social Media-Plattformen muss ein Unternehmen zuerst seine Ziele und die Bereiche, in denen eine Social Media-Strategie Anwendung finden soll, definieren. In Zusammenhang damit muss ebenfalls die anvisierte Zielgruppe festgelegt werden, um eine gezielte Auswahl der Plattformen und des weiteren Vorgehens zu ermöglichen. Weiterhin kommt auch die Umweltanalyse im Bereich Social Media grundsätzlich zum Einsatz, jedoch nicht in Form eines so stark formalisierten und strukturierten Prozesses, wie es in der Planungsschule vorgesehen wird.

Insgesamt lässt sich deshalb erkennen, dass die Planungsschule nur in geringem Umfang im Bereich Social Media anwendbar ist. Durch den stark strukturierten und formalisierten Analyseprozess müssen innerhalb der Planungsschule stabile Umweltverhältnisse vorherrschen. Sie basiert somit auf der Annahme einer guten Vorhersagbarkeit zukünftiger Umweltfaktoren. Diese können im Bereich Social Media aber nicht gewährleistet werden. Aufbauend auf einem formalisierten System, müsste innerhalb der Planungsschule eine Social Media-Strategie von leitenden Managern realitätsfern erstellt werden. Wie schon zuvor in der Bewertung der Designschule beschrieben, spielen aber die Einbeziehung von gesammelten Erfahrungen und der Prozess des Lernens, im Bereich der Social Media-Kommunikation, eine entscheidende Rolle. Dieser Synthese von gesammelten Informationen und Erfahrungen wird in der Planungsschule jedoch keine Bedeutung zugeschrieben. Aufgrund der stetigen dynamischen Veränderungen, kann eine Social Media-Strategie schlussfolgernd nicht durch eine formale Abfolge von Planungselementen erstellt werden.

[117] Vgl. Schulte-Derne, M. (2005) S. 48.

Zusammenfassend lässt sich folglich feststellen, dass auch innerhalb der Planungsschule nur Teile des Planungsprozesses eine Relevanz bei der Entwicklung einer Social Media-Strategie besitzen können.

3.2.3 Positionierungsschule

Die Positionierungsschule besitzt ihren Ursprung in militärischen Schriften. Sun-Tzu und Carl von Clausewitz entwickelten sogenannte Maxime für militärische Auseinandersetzungen. Sie analysierten dabei in ihren Schriften die optimale strategische Position für verschiedene militärische Bedingungen und Situationen.[118] Die Strategie wird in der Positionierungsschule also nicht mehr als eine Perspektive, sondern als Position angesehen, die ein Unternehmen abhängig von verschiedenen Bedingungen einnehmen sollte. Somit konzentriert sie sich, anders als die Design- und die Planungsschule, nicht nur auf die Formulierung der Strategie, sondern auf deren Inhalt und Bedeutung.[119]

Die Weiterentwicklung der Positionierungsschule erfolgte durch die Boston Consulting Group. Vor allem zu Beginn der 60er Jahre entwickelten Consultingfirmen verschiedene Positionierungskonzepte für Unternehmen, die vordergründig auf der Untersuchung von Branchen- und Unternehmensdaten basierten. Die Analyse von Kennzahlen stand dabei im Mittelpunkt. Die Boston Consulting Group entwickelte mit der BCG-Matrix eine erste Form einer Portfolio-Matrix.[120] In einer Vier-Felder-Matrix werden dabei der relative Marktanteil, als unternehmensbezogene Größe, und das durchschnittliche Marktwachstum, als umweltbezogene Größe, kombiniert. Je nach Ausprägung der beiden Merkmale können die Produkte verschiedenen Kategorien zugeordnet und so Empfehlungen für den Umgang mit ihnen gegeben werden.

Durch die Betrachtung dieser Portfolio-Matrix soll ein Gleichgewicht zwischen den verschiedenen Cash-Flows[121] der Produkte entstehen. So sollen Produkte, die in einem Wachstumsmarkt positioniert sind, mit dem Kapital von Produkten, die zwar in einem Markt mit geringem Wachstum platziert sind, aber hohe

[118] Vgl. Schulte-Derne, M. (2005) S. 67 f.
[119] Vgl. Mintzberg, H./Ahlstrand, B./Lampel, J. (2002) S. 100.
[120] Vgl. Schulte-Derne, M. (2005) S. 68.
[121] Kennzahl, die den erwirtschafteten Zahlungsmittelüberschuss aus der wirtschaftlichen Tätigkeit einer Periode angibt (vgl. Schierenbeck, H./Lister, M. (2002) S. 148).

Überschüsse generieren, versorgt werden. Somit kann durch ein ausgeglichenes Portfolio, ein optimales Gleichgewicht zwischen den Cash-Flows entstehen.[122]

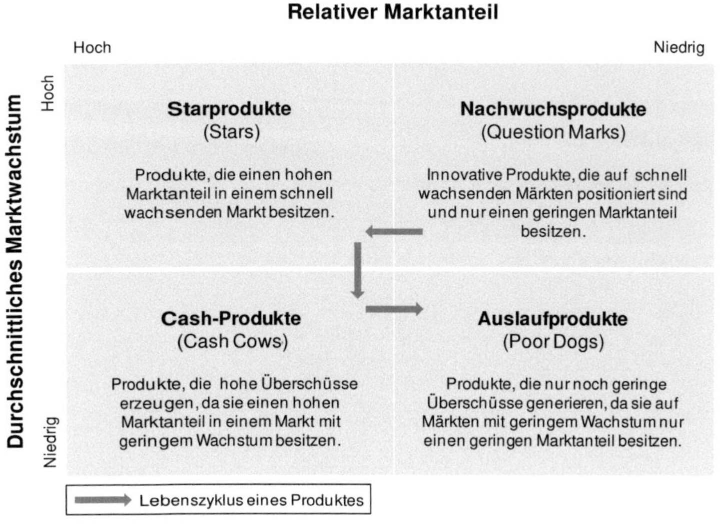

Abbildung 2: BCG-Matrix

Quelle: Eigene Darstellung in Anlehnung an Bea, F.X./Haas,J. (2005) S. 150.

Eine Weiterentwicklung der BCG-Matrix erfolgte durch McKinsey in Zusammenarbeit mit General Electrics. McKinsey geht dabei nicht nur vom Marktanteil und dem durchschnittlichen Marktwachstum aus, sondern gewährt eine Erweiterung der relevanten Einflussfaktoren, indem die beiden Dimensionen durch die Gewichtung verschiedener Faktoren beschrieben werden. Auf der Ordinate wird dabei die Marktattraktivität des Unternehmensumfeldes angegeben, das sich z.B. aus dem Marktwachstum, der Marktgröße und Markteintrittsbarrieren zusammensetzt. Auf der Abszisse wird der relative Wettbewerbsvorteil des Unternehmens abgetragen, welcher z.B. die Markposition, den Marktanteil und die Stärke der Wettbewerber berücksichtigt. Zusätzlich wird innerhalb der McKinsey-Matrix der Detailierungsgrad der einzelnen Einflussfaktoren erhöht, indem die Einteilung in drei Ausprägungsstärken erfolgen kann. Somit entsteht statt

[122] Vgl. Bea, F.X./Haas,J. (2005) S. 149.

einer Vier-Felder- eine Neun-Felder-Matrix, in welcher spezifische Empfehlungen für das Portfolio gegeben werden können.[123]

Der bedeutendste Vertreter der Positionierungsschule ist Michael Porter. Mit seinem 1980 veröffentlichten Buch „Competitive Strategy" löste er eine Welle von wissenschaftlichen Forschungen und Schriften innerhalb der Positionierungsschule aus. Es erfolgten zahlreiche empirische Untersuchungen zur Relation zwischen unternehmensinternen Strategien und externen Umweltbedingungen.[124] Einer seiner bekanntesten Beiträge zur Positionierungsschule ist das Modell der Wettbewerbsanalyse. In diesem Modell stellt er die fünf wettbewerbsbeinflussenden Kräfte dar, die eine Branche formen.[125]

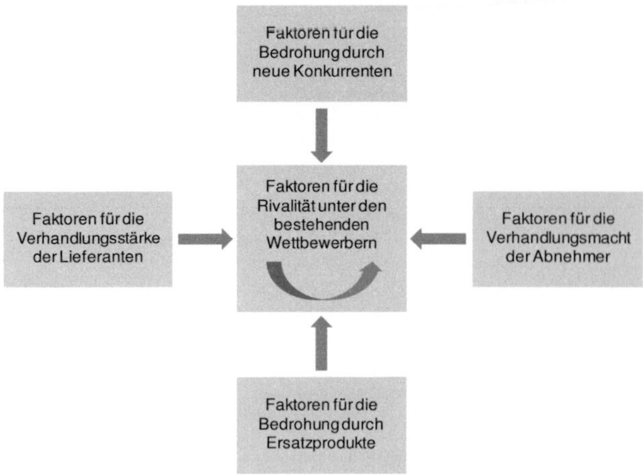

Abbildung 3: Modell der Wettbewerbsanalyse

Quelle: Eigene Darstellung in Anlehnung an Baldeweg, D.K. (2006) S. 153.

Anhand dieses Modells lassen sich strategische Positionen für verschiedene Situationen ableiten und erklären. Je nach analysierter Stärke der beeinflussenden Kraft, können so strategische Handlungsempfehlungen und Maßnahmen erstellt werden.[126]

[123] Vgl. Macharzina, K./Wolf, J. (2008) S. 363 f.
[124] Vgl. Mintzberg, H./Ahlstrand, B./Lampel, J. (2002) S. 120.
[125] Vgl. Baldeweg, D.,K. (2006) S. 153.
[126] Vgl. Mintzberg, H./Ahlstrand, B./Lampel, J. (2002) S. 120.

Ein weiteres bedeutendes Modell von Porter ist die von ihm 1985 in „Competitive Advantage“ vorgestellte Wertkette. Diese gliedert die verschiedenen Aktivitäten innerhalb eines Unternehmens in primäre und Unterstützungsaktivitäten.

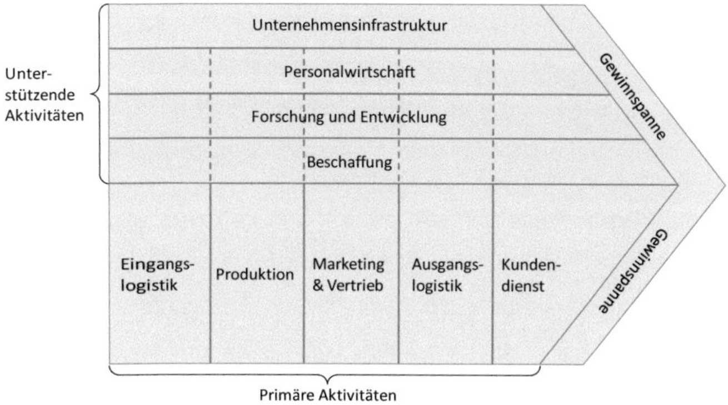

Abbildung 4: Wertkette

Quelle: Eigene Darstellung in Anlehnung an Porter, M.E. (2000) S. 66.

Primäre Aktivitäten sind Aktivitäten, die direkten Einfluss auf die Herstellung und den Vertrieb der Produkte besitzen. Unterstützungsaktivitäten hingegen unterstützen die primären Aktivitäten, um einen effektiven Ablauf zu ermöglichen.[127]

Der rechte Rand von Porters Wertkette stellt dabei die mögliche Gewinnspanne dar. Die Höhe der Gewinnspanne ist abhängig von der effektiven Verknüpfung der einzelnen Aktivitäten innerhalb der Wertkette. Somit stellt die Wertkette von Porter einen Analyserahmen zur Generierung von Wettbewerbsvorteilen und zusammenhängend damit auch von Gewinnen dar.[128]

Die Prämissen der Positionierungsschule weichen nur in geringem Maße von denen der Design- und Planungsschule ab. Der revolutionäre Aspekt der Positionierungsschule liegt in der Ansicht, dass eine Strategie eine generische Marktposition ist. Das heißt, sie muss nicht wie in der Designschule exakt und individuell auf das Unternehmen zugeschnitten sein, sondern Unternehmen sol-

[127] Vgl. Freiling, J./Reckenfelderbäumer, M. (2010) S. 285 ff.
[128] Vgl. Söllner, A. (2008) S. 175.

len übergeordneten Strategien folgen.[129] So argumentiert Porter, dass es nur drei generische Strategien geben soll: Kostenführerschaft, Produktdifferenzierung und Konzentration auf ein spezielles Marktsegment. Somit kann dann auf Basis von analytischen Berechnungen die effektivste Strategie in Hinblick auf die bestehende Konkurrenz, die Branche und die Stärken des Unternehmens gewählt werden.[130] Daher spielen im Strategieentwicklungsprozess der Positionierungsschule Analytiker zur Erstellung der Berechnungen eine wichtige Rolle. Am Ende dieses Entwicklungsprozesses entsteht, wie auch in der Design- und Planungsschule, eine ausformulierte implementierungsbereite Strategie.

In Bezug auf Social Media können, wie bei den vorhergehenden Denkschulen, vor allem einzelne Elemente der Positionierungsschule für die Entwicklung einer Strategie genutzt werden. So kann Porters Wettbewerbsanalyse zur Evaluierung der Umwelt und der Aktivitäten der Wettbewerber herangezogen werden und ebenfalls eine Grundlage für weiterführende Diskussionen darstellen. Die von Porter entwickelte Wertkette kann weiterhin zur Analyse dienen, in welchen Bereichen des Unternehmens Social Media am effektivsten zum Einsatz kommen sollte. Dabei sind laut Cyganski und Hass vor allem die Aktivitäten der Wertkette besonders vielversprechend, „bei denen Personen, Kontakte und Wissen im Vordergrund steht“[131]. Weiterhin kommt die Positionierungsschule in den Bereichen Produktion und Vertrieb in Verbindung mit Social Media zum Einsatz. So können zum Beispiel durch Porters Modell der Wettbewerbsanalyse die Wettbewerbskräfte innerhalb des anvisierten Online-Marktes analysiert werden und richtungsweisende Impulse geben. Weiterhin kann in diesen beiden Bereichen die BCG-Matrix angewandt werden, um z.B. von Nutzern entwickelte Produkte zu positionieren und das Portfolio zu optimieren.

Jedoch besitzt auch die Positionierungsschule ähnliche Schwachstellen wie die Design- und Planungsschule. Da sie ebenfalls den präskriptiven Denkschulen angehört, wird in der Theorie der Positionierungsschule die Strategieformulierung von der Implementierung getrennt betrachtet. Somit wird auch in dieser Denkschule der, für die Social Media-Kommunikation wichtige, Prozess des Lernens ausgeschlossen. Weiterhin stellt die Grundannahme, eine generische

[129] Vgl. Schulte-Derne, M. (2005) S. 49.
[130] Vgl. Hungenberg, H. (2004) S. 176 ff.
[131] Cyganski, P./Hass, B. H. (2008) S. 105.

Position aufgrund von bestimmten Umweltbedingungen einzunehmen, keinen strategisch sinnvollen Ansatz im Bereich Social Media dar. Social Media-Strategien müssen sich aufgrund ihrer Neuheit, aus einem Prozess des Lernens mit dem Nutzer, entwickeln. Somit kann eine Social Media-Strategie, wie auch schon bei der Design- und Planungsschule beschrieben, nicht auf einem starr strukturierten Formulierungsprozess bzw. einer generischen Position basieren.

Somit lässt sich auch hier feststellen, dass nur einzelne Elemente der Positionierungsschule für die Entwicklung einer Social Media-Strategie genutzt werden können, da ihre Prämissen mit den realen Bedingungen im Bereich Social Media nur wenig kompatibel sind.

3.2.4 Lernschule

Als Vertreter der deskriptiven Denkschule steht bei der Lernschule die tatsächliche Herausbildung der Strategie im Mittelpunkt. Somit konzentriert sie sich nicht wie die präskriptiven Schulen auf die exakte Formulierung der Strategie, sondern auf die reale Strategiebildung.[132] Dabei hinterfragt die Lernschule die Ansätze der traditionellen Denkschulen. Sie stellt sowohl den Unternehmensleiter als einzigen Strategieentwickler als auch die Trennung der Strategieformulierung von der Umsetzung der Strategie in Frage. Innerhalb der Lernschule wird die Strategieentwicklung daher nicht als klarer und kontrollierbarer Prozess angesehen. Im Gegensatz zu den Ansätzen der präskriptiven Denkschulen entstehen Strategien in der Lernschule durch eine Vielzahl von kleinen Aktionen verschiedener Personen im Unternehmen. Diese treffen meistens gemeinsame Entscheidungen, führen Aktionen durch und überprüfen dann die Effektivität ihres Handelns. Die Vielzahl dieser kleinen Veränderungen verdichten sich und entwickeln sich zunehmend zu Verhaltensmustern. Dadurch entsteht eine Strategie nicht nur durch den Entwurf eines einzigen Strategen, sondern sie bildet sich im Prozess des kollektiven Lernens heraus. Zusammenhängend damit, kann die Strategieformulierung und -implementierung keiner exakten Trennung unterliegen.[133] Lapierre bezeichnet deshalb Strategisches Management nicht

[132] Vgl. Mintzberg, H./Ahlstrand, B./Lampel, J. (2002) S. 205.
[133] Vgl. Vogel, M. (2009) S. 12.

länger als „Management der Veränderungen", sondern als „Management durch Veränderungen."[134]

Die Anfänge der Lernschule spiegeln sich im fragmentierten bzw. logischen Inkrementalismus wider. Dieser besagt, dass aufgrund von externen Einflüssen und internen Aktionen ein gemeinsamer Handlungsbedarf unter den Unternehmensmitgliedern entsteht. Diesem Handlungsbedarf wird Schritt für Schritt nachgegangen, sodass sich im Zuge dieser inkrementellen Handlungen eine bewusste Strategie entwickelt.[135] Zusammenhängend damit ist auch die evolutionäre Theorie zu erwähnen. Sie wurde 1982 von den Ökonomen Nelson und Winter entwickelt. Die Grundlage ihrer Theorie basiert auf sogenannten Routinen. Diese sind „repititive Aktivitätsmuster, die das reibungslose Funktionieren der Organisation sicherstellen und steuern."[136] Die Routinen verändern sich aufgrund von neuen Situationen und passen sich diesen an. Da die einzelnen Routinen untereinander verbunden sind und direkten Einfluss aufeinander ausüben, bewirkt die Veränderung einer Routine auch die Veränderungen anderer Routinen. Der Wandel ergibt sich somit nicht vordergründig durch die Person eines Strategen, sondern durch die Summe der einzelnen Veränderungen.

Zwei weitere Konzepte der Lernschule sind das Konzept der sich herausbildenden Strategie und das der retrospektiven Sinnerfüllung. Das Konzept der sich herausbildenden Strategie basiert auf der Fähigkeit einer Organisation zum strategischen Lernen. Durch das Ausprobieren von Aktionen und der anschließenden Reflexion über Effektivität und weiteren Handlungsbedarf werden strategische Muster herausgebildet. Beim Konzept der retroperspektiven Sinnerfüllung erfolgt die Handlung vor dem Denken. Bezogen auf den Strategieentwicklungsprozess stellt sich dieses Konzept somit gegen den Ansatz der präskriptiven Denkschulen. Die Formulierung muss also nicht vor der Strategieimplementierung erfolgen. Das bedeutet, dass der Sinn einer Strategie erst nachträglich betrachtet und beschrieben wird. Durch diese nachträgliche Reflexion kann das Unternehmen aus gesammelten Erfahrungen lernen, auf Abweichungen reagie-

---

[134] Lapierre, L. (1980) o.S.
[135] Vgl. Spengler, G. (2009) S. 103 f.
[136] Mintzberg, H./Ahlstrand, B./Lampel, J. (2002) S. 205.

ren und zukünftige Handlungsmuster in Bezug auf ihre Richtung und Grundannahmen aktualisieren.[137]

Ein weiterer Ansatz zum strategischen Lernen und zur lernenden Organisation ist das von Argyris und Schön beschriebene Einschleifen- und Doppelschleifen-Lernen. Das sogenannte Einschleifen-Lernen beschreibt den Lernprozess, Fehler und Abweichungen zu erkennen, zu korrigieren und somit aufgrund von Ergebnissen und Entwicklungen zukünftige Handlungen anzupassen. Das Doppelschleifen-Lernen basiert auf dem Lernen innerhalb des Einschleifen-Lernens. Dabei erfolgt aufgrund von Handlungsergebnissen nicht nur eine Modifikation des Verhaltens, sondern auch eine Evaluierung der Grundannahmen der Strategie. Gegebene Grundlagen der Strategie werden so kritisch hinterfragt und gegebenenfalls geändert.[138]

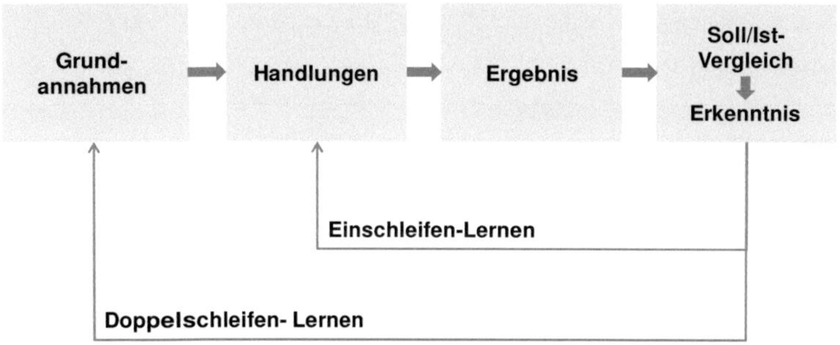

Abbildung 5: Einschleifen- und Doppelschleifen-Lernen

Quellen: Eigene Darstellung in Anlehnung an Millonig, K. (2002) S. 166.

In Verbindung mit dem strategischen Lernen muss auch die von Nonaka und Takeuchi 1995 entwickelte Wissensspirale erwähnt werden. Dieses Modell stellt einen Ansatz des Wissensmanagements dar und behandelt explizit den Wissensentwicklungsprozess. Nonaka und Takeuchi beschreiben dabei vier Phasen der Wissensumwandlung: Sozialisation, Externalisierung, Kombination und Internalisierung.[139] Die Wissensspirale beginnt mit der Phase der Sozialisation. Innerhalb dieser Phase wird implizites Wissen zwischen verschiedenen Personen vermittelt, indem sie gemeinsame Erfahrungen teilen, beobachten und

[137] Vgl. Schulte-Derne, M. (2005) S. 110.
[138] Vgl. Argyris, C./Schön, D.A. (1999) S. 35 ff.
[139] Vgl. Nonaka, I./Takeuchi, H. (1995) S. 56 ff.

nachahmen. In der folgenden Phase erfolgt die Umwandlung des impliziten Wissens in explizites Wissen. Diese Externalisierung findet vor allem durch die Bildung von Analogien, kollektive Reflexion und Dialoge statt. Somit entstehen als Ergebnis explizite Konzepte, die eine zentrale Bedeutung innerhalb des Wissensmanagements einnehmen. Anschließend erfolgt ein Austausch dieses expliziten Wissens über verschiedene Medien, sodass eine Kombination des Wissens verschiedener Individuen erfolgt. Dieser „Learning by doing"-Prozess löst dann wiederum eine Internalisierung von Wissen bei den einzelnen Personen aus und der Prozess beginnt von Neuem. Schlussfolgernd baut die Wissensgenerierung innerhalb eines Unternehmens vor allem auf dem impliziten Wissen der Mitarbeiter auf, welches externalisiert wird.[140]

Zusammenfassend baut die Lernschule auf folgenden Prämissen auf: Aufgrund der Wissensfragmentierung innerhalb von Organisationen und unvorhersehbaren Veränderungen der externen Umwelt ist eine bewusste Kontrolle der Strategieentwicklung nicht möglich. Da das Handeln innerhalb der Lernschule erst rückblickend sinn-gebend betrachtet wird, können die Phasen der Strategieformulierung und Implementierung außerdem nicht klar voneinander getrennt werden. Strategien bestehen somit nicht aus einer bewusst konzipierten Strategie, sondern aus einer Vielzahl von kleinen Veränderungen. Dadurch gibt es innerhalb des Unternehmens nicht nur einen Strategen, sondern strategische Veränderungen werden vom kollektiven System veranlasst. Aufgrund dessen hat die Führung nicht die Aufgabe, exakte Strategien zu entwerfen, sondern das strategische Lernen innerhalb des Unternehmens zu managen. Strategien bilden sich innerhalb der Lernschule anfangs als Verhaltensmuster heraus, können dann aber aufgrund der Einbringung gesammelter Erfahrungen als zukünftige Pläne dienen.[141]

In Bezug auf Social Media stellt die Lernschule mit ihren Prämissen eine hilfreiche Grundlage zur Entwicklung einer Social Media-Strategie dar. Durch die Abwendung von der Prämisse der präskriptiven Denkschulen, die besagt, dass Strategieformulierung und Implementierung getrennt voneinander erfolgen müssen, wird innerhalb der Lernschule ein strategischer Lernprozess ermöglicht. Gerade im Bereich Social Media ist der Vorgang des kollektiven Lernens

[140] Vgl. Renzl, B. (2003) S. 80 ff.
[141] Vgl. Mintzberg, H./Ahlstrand, B./Lampel, J. (2002) S. 238 f.

von entscheidender Bedeutung. Dieser Lernprozess ermöglicht dem Unternehmen, verschiedene Maßnahmen und Aktionen auf Social Media-Plattformen auszuprobieren und im Anschluss zu evaluieren. So kann ein Unternehmen herausfinden, welche Handlungsmuster auf welchen Platt-formen am besten funktionieren und welche davon in Zukunft weiterentwickelt werden sollten. Besonders geeignet ist dabei der Ansatz der des Doppelschleifen-Lernens. Da der Umgang mit Social Media für Unternehmen noch relativ neu ist, können durch die Anwendung dieser doppelten Lernschleife nicht nur Fehler korrigiert, sondern auch Grundannahmen evaluiert und gegebenenfalls modifiziert werden. Auch der Prozess der Wissensgenerierung innerhalb dieser Lernschleife kann durch die Ansätze der Lernschule näher beschrieben werden.

Die Wissensspirale von Nonaka und Takeuchi spielt dabei eine bedeutende Rolle, da auch im Bereich Social Media die Generierung von Wissen über die von ihnen beschriebene Phasenabfolge erfolgt. So entsteht zuerst implizites Wissen durch geteilte Erfahrungen im Umgang mit Social Media und Beobachtungen bzw. Nachahmungen erfolgen. Anschließend muss dieses Wissen im Lernprozess externalisiert werden, sodass es danach mit dem Wissen anderer Individuen und anderen Unternehmensbereichen kombiniert werden kann. Auf der Basis dieses generierten Wissens können dann Strategieanpassungen innerhalb der doppelten Lernschleife erfolgen. Das Wissensmanagement findet innerhalb der Wertschöpfungskette vor allem in den Bereichen Marketing bzw. Marktforschung, Personal und Unternehmensinfrastruktur Anwendung. In den genannten Unternehmensbereichen spielt der zuvor beschriebene Lernvorgang eine besonders wichtige Rolle, sodass z.B. das Management von Projekten oder die Entwicklung von Social Media-Aktivitäten stark auf diesen Prozessen aufbauen. Schlussfolgernd stellt die Lernschule somit einen fundierten Ansatz zum Vorgehen innerhalb der Strategieentwicklung im Bereich Social Media dar.

Jedoch besitzt auch die Lernschule einige Kritikpunkte. Durch eine zu starke Konzentration auf den Prozess des Lernens in kleinen Schritten, kann die Entwicklung einer Strategie in den Hintergrund treten. Die Gefahr besteht dabei darin, dass sich die vielen Einzelmaßnahmen auf den verschiedenen Plattformen nicht wie beabsichtigt zu einer schlüssigen Gesamtstrategie zusammenfügen und deshalb eine retrospektive Sinnerfüllung nicht erfolgt. Da der Prozess des Lernens außerdem Kosten innerhalb der Organisation verursacht, bedarf es in der Situation einer Strategiekonzeption richtungsweisender Analysen. Durch diese können geeignete Handlungs-alternativen überhaupt erst herausgefiltert und ein strategischer Rahmen im Bereich Social Media definiert werden.

3.2.5 Konfigurationsschule

Die Konfigurationsschule leistet einen integrierenden Ansatz für die insgesamt neun Denkschulen des strategischen Managements. So besagt der Grundgedanke der Konfigurationsschule, dass jede der Denkschulen eine mehr oder weniger große Relevanz zu bestimmten Zeitpunkten und Situationen in der Unternehmensentwicklung besitzt.[142]

Grundsätzlich geht die Konfigurationsschule davon aus, dass sich Unternehmen in einem stabilen Zustand befinden. Diese stabilen Konfigurationen werden gelegentlich durch dramatische Transformationsprozesse unterbrochen und in eine neue Konfiguration überführt. Innerhalb dieser Abfolge von stabilen Konfigurationen und Transformationsprozessen, finden die einzelnen Denkschulen ihre individuelle Anwendung. Die Konfigurationsschule versucht in diesem Zusammenhang spezielle Kriterien zu definieren, unter denen die einzelnen Denkschulen ihren Einsatz finden.[143]

Durch ein von der McGill University 1971 eingeleitetes Forschungsprojekt konnten verschiedene Phasen der Organisationsentwicklung herauskristallisiert werden. In der ersten Phase entwickelt sich das Unternehmen, stellt Mitarbeiter ein und etabliert Systeme im Unternehmen. Daraufhin stabilisiert sich die strategische Position des Unternehmens und es erfolgen nur noch geringfügige Abstimmungen zur Strategie und der Struktur. Innerhalb der dritten Phase kommt es nur noch zu marginalen Anpassungen der Strategie und der Strukturen. Als vierte Phase folgt dann die Neuorientierung, das heißt, das Unternehmen sucht nach neuen Ausrichtungen der Organisation. Im Anschluss, als letzte Phase, erfolgt die Transformation, die mit einer Veränderung verschiedenster Aspekte innerhalb des Unternehmens einhergeht. Neben diesen einzelnen Phasen

[142] Vgl. Wrona, T. (2008) S. 23 f.
[143] Vgl. Kranz, M. (2007) S. 63 f.

konnten in der Studie zusätzlich verschiedene Muster der zeitlichen Abfolge der Phasen festgestellt werden. Das erste Muster entspricht „periodischen Zäsuren", das heißt, es treten lange stabile Phasen auf, die nur ab und zu von Transformationsphasen unterbrochen werden. Ein weiteres Muster ist das der „Schwankenden Verschiebungen". Auf Phasen der adaptiven Entwicklung hin zur Stabilität folgen divergierende Prozesse, die Veränderungen in regelmäßigen Abständen bewirken. Das dritte Muster entspricht sogenannten „Lebenszyklen", das bedeutet, nach der ersten Phase der Entwicklung folgen die Phasen der Stabilität bzw. Reife und so fort. Das letzte Muster ist das Muster des „Stetigen Fortschritts". Innerhalb dieses Musters befindet sich ein Unternehmen in einem stetigen Entwicklungs- und Anpassungsprozess, sodass Phasen der Stabilität eher selten eintreten.[144] Innerhalb dieser einzelnen Phasen und Muster wird die Strategie dabei genutzt, um die beabsichtigte Entwicklungsrichtung zu stabilisieren und beizubehalten.

Die Konfigurationsschule baut somit zusammenfassend auf den folgenden Prämissen auf. Eine Organisation entspricht die meiste Zeit einer stabilen Konfiguration ihrer Eigenschaften und ihres Verhaltens. Diese Stabilität wird jedoch ab und zu von Prozessen der Veränderung und der Transformation unterbrochen. Dieser Prozess führt dann zu einer neuen Konfiguration. Die Aufgabe des strategischen Managements ist es, diese Transformationsprozesse zu ermöglichen und zu managen, sodass die Stabilität innerhalb des Unternehmens erhalten bleibt. Dabei kommen die unterschiedlichen strategischen Denkschulen zum Einsatz.[145]

In Bezug auf Social Media besteht der Hauptnutzen der Kognitiven Schule darin, ihren Grundgedanken der Kombination der Denkschulen zu entnehmen. Sowohl die Ansätze präskriptiver als auch deskriptiver Denkschulen finden innerhalb des Entwicklungsprozesses einer Social Media ihren Einsatz. Die strukturierten und formalen Analysen der präskriptiven Schulen besitzen vor allem als Ausgangspunkt der Strategie eine hohe Relevanz. Sie bestimmen den strategischen Handlungsrahmen und geben richtungsweisende Impulse. Innerhalb des fortlaufenden Strategieentwicklungsprozesses besitzt jedoch die Lernschu-

[144] Vgl. Mintzberg, H./Ahlstrand, B./Lampel, J. (2002) S. 349 ff.
[145] Vgl. Schulte-Derne, M. (2005) S. 56.

le eine große Bedeutung. Somit kann zwar aus der Konfigurationsschule kein direktes Konzept für die Entwicklung einer Social Media-Strategie genutzt werden, jedoch leistet sie einen integrativen Ansatz, um verschiedene Aspekte der einzelnen Denkschulen kooperativ zu nutzen.

3.2.6 Zusammenfassung: Strategische Denkschulen

Wir zuvor schon festgestellt, besitzen die einzelnen Denkschulen sowohl Stärken als auch Schwächen in Bezug auf Social Media. Das Problem der präskriptiven Planungsansätze liegt vor allem in der fehlenden Flexibilität der entwickelten Strategien. Durch die starre Planung werden gleichbleibende Rahmenbedingungen vorausgesetzt. Da aber gerade Social Media vielen dynamischen Veränderungen und Entwicklungen unterliegt, können diese nicht gewährleistet werden. Zusätzlich verhindert die Trennung von Formulierung und Implementierung die Nutzung von Informationen, die während des Umsetzungsprozesses gesammelt werden können. Deshalb wird ein Lernprozess innerhalb der präskriptiven Schulen ausgeschlossen.[146] Durch die Dynamik der Rahmenbedingungen im Bereich Social Media verkürzt sich jedoch der Planungshorizont stark. Somit kann eine Strategie nicht starr in einem Guss konzipiert werden, sondern muss in kleinen Schritten entwickelt und kontinuierlich evaluiert werden.

Dadurch stellt vor allem der Ansatz des Doppelschleifen-Lernens einen geeigneten Entwicklungsprozess für eine Social Media Strategie dar. Innerhalb dieses Prozesses können so nicht nur Planabweichungen analysiert werden, sondern auch die Grundannahmen der Strategie kritisch hinterfragt werden. So kann eine dynamische Anpassung an das Wettbewerbsumfeld und sich ändernde Rahmenbedingungen erfolgen.[147]

Zu beachten ist jedoch, dass auch für einen solchen Lernprozess ein strategischer Handlungsrahmen gesetzt werden muss. Dadurch besteht die Kernfrage innerhalb der strategischen Planung für Social Media darin, inwieweit die Strategie bewusst konzipiert sein bzw. sich durch Lernen herausbilden sollte. Wie in der Konfigurationsschule beschrieben, haben verschiedene Ansätze der einzel-

---

[146] Vgl. Mintzberg, H./Ahlstrand, B./Lampel, J. (2002) S .48 ff.

[147] Vgl. Bokler, A.M. (2004) S. 111.

nen Denkschulen eine mehr oder weniger große Bedeutung in verschiedenen Situationen und Zeitpunkten. Die Meinung der Autorin ist es deshalb, dass sowohl Aspekte der präskriptiven als auch der deskriptiven Denkschulen zur Entwicklung einer Social Media-Strategie genutzt werden sollten.

Der von Jörg E. Sander im Buch „Strategic E-Business“ beschriebene Ansatz der dynamischen Planung ermöglicht es, die verschiedenen Aspekte und Methoden der einzelnen Denkschulen innerhalb einer Doppelten Lernschleife optimal zu kombinieren.[148]

Im Zuge der ersten Schleife erfolgt eine systematische Entwicklung der Social Media-Strategie. Dabei kommen vor allem Analysewerkzeuge der präskriptiven Denkschulen zum Einsatz. Innerhalb dieser Phase wird jedoch keine starre Strategie entwickelt, die eine dauerhafte Position darstellen soll. Vielmehr sind die durchgeführten Analysen die Grundlage für einen Strategierahmen, in dem noch Anpassungen erfolgen können.

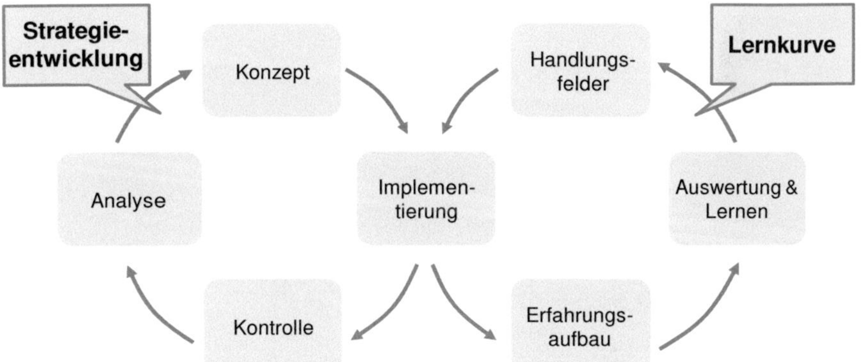

Abbildung 6: Dynamische Planung innerhalb einer Doppelten Lernschleife
Quelle: Eigene Darstellung in Anlehnung an Sander, J.E. (2001) S. 81 ff.

Die zweite Schleife dient dann dazu, auf dynamische Umweltveränderungen zu reagieren und aus den gesammelten Erfahrungen mit dem Nutzer zu lernen. Somit können neue Handlungsoptionen gesucht und die Strategie angepasst werden.

[148] Vgl. Sander, J.E. (2001) S. 81.

Aufgrund der ständigen Dynamik der Umweltbedingungen werden diese Schleifen kontinuierlich durchlaufen. Folglich muss ein regelmäßiges Monitoring, verbunden mit ständigen Anpassungen, erfolgen, um Wettbewerbsvorteile realisieren zu können.[149]

[149] Vgl. Sander, J.E. (2001) S. 81 ff.

4 Ableitung eines Planungsprozesses für Social Media

Social Media kann für unterschiedlichste Bereiche innerhalb der Wertschöpfungskette von Unternehmen eingesetzt werden. Um einen ersten Ansatzpunkt für eine Social Media-Strategie zu definieren, muss entschieden werden, in welchen Unternehmensbereichen Social Media genutzt werden soll. Wie in der Positionierungsschule bereits erwähnt, kann die Wertkette nach Porter hier einen ersten Ansatz leisten. So sind vor allem Abteilungen, in denen Menschen, Kontakte und Wissensgenerierung im Mittelpunkt stehen, für Social Media interessant.[150]

Ein Beispiel dafür ist der Einsatz von Social Media für die Forschung und Entwicklung bzw. die Produktion von neuen Produkten. Innerhalb dieses Bereiches kann z.B. eine interaktiven Wertschöpfung mit den Nutzern erfolgen. Dabei können Nutzer ihre Ideen in den Entwicklungsprozess von neuen Produkten, Kampagnen etc. einbringen und so zur Wertschöpfung des Unternehmens beitragen. Ein weiteres Beispiel ist die Anwendung von Social Media-Plattformen im Personalbereich. In diesem Feld können einzelne Plattformen z.B. für Recruiting-Zwecke genutzt werden.

Da der Schwerpunkt dieser Diplomarbeit auf der Kundenkommunikation liegt, sind hier vor allem die Unternehmensbereiche Marketing, Vertrieb und Kundendienst von besonderem Interesse. Im Folgenden wird der Prozess der dynamischen Planung für den Bereich Kundenkommunikation näher betrachtet.

4.1 Prozess der dynamischen Planung im Bereich Social Media

Das Modell der dynamischen Planung kann durch die Anpassung an kommunikationspolitische Besonderheiten im Social Web wie auf der folgenden Seite adaptiert und konkretisiert werden.

Bei der Entwicklung einer Social Media-Strategie im Bereich der Kundenkommunikation gibt es dabei drei wesentliche Phasen, die ein Unternehmen durchläuft.

---

150 Cyganski, P./Hass, B. H. (2008) S. 105.

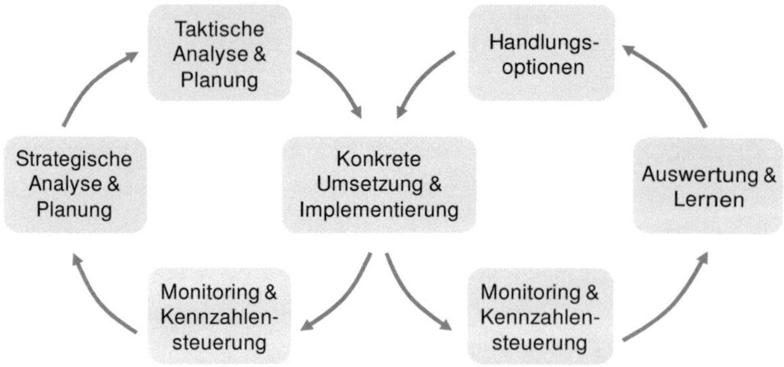

Abbildung 7: Prozess der dynamischen Planung in Bezug auf Social Media innerhalb der Kundenkommunikation

Quelle: Eigene Darstellung in Anlehnung an Sander, J.E. (2001) S. 81.

Zu Beginn der Auseinandersetzung mit dem Thema Social Media muss ein Unternehmen grundsätzliche strategische Entscheidungen treffen:

Dabei steht vor allem die Überlegung im Mittelpunkt, ob man sich im Bereich Social Media überhaupt engagieren möchte. Im Zuge einer klaren Entscheidung für Social Media erfolgen daraufhin grundlegende Analysen. Dabei stellt sich die Frage welche Gespräche bereits über das Unternehmen bzw. das Produkt im Social Web geführt werden und wo sich externe und interne Schnittstellen für das Unternehmen ergeben. Weiterhin müssen anvisierte Ziele und die Zielgruppe definiert werden. Anschließend kann dann die Festlegung eines Social Media-Budgets und die damit zusammenhängende Organisation von Social Media-Aktivitäten im Unternehmen erfolgen.

Innerhalb der nächsten Phase folgen eine Reihe von taktischen Entscheidungen. So müssen sowohl passende Plattformen als auch grundsätzliche Maßnahmen und inhaltliche Aspekte der Social Media-Strategie analysiert und definiert werden.

Diese Maßnahmen werden in der anschließenden Phase, in Abstimmung mit internen Gegebenheiten des Unternehmens, konkretisiert. Dabei steht vor allem die Frage im Vordergrund, was bei der Umsetzung der geplanten Maßnahmen beachtet werden muss und wie die Aktivitäten gesteuert und evaluiert werden können.

Diese drei Phasen stellen den groben Planungsprozess vor der Implementierung einer Social Media-Strategie dar. Die Abfolge der Phasen ist in dieser Reihenfolge empfehlenswert, da zum Beispiel die Ausgestaltung konkreter Maßnahmen erst nach der strategischen Definition von Zielen und der Zielgruppe erfolgen sollte. Ebenso kann eine Integration der Maßnahmen und die Vorbereitung der Implementierung erst dann durchgeführt werden, wenn Social Media-Aktivitäten bereits taktisch geplant wurden.

Nach der Implementierung bzw. dem Start der Social Media-Aktivitäten erfolgt das sogenannte Social Media-Monitoring[151] und die Steuerung durch Kennzahlen. Aus dieser Überwachung der User-Aktivitäten im Web 2.0 kann ein Unternehmen Erfahrungen sammeln und eine Bewertung der durchgeführten Aktivitäten durchführen. Diese Analyse fließt dann in die zukünftige strategische, taktische bzw. konkrete Planung und den Lernprozess ein.

4.1.1 Strategische Analyse und Definition

Unternehmen sollten sich im Vorfeld der Entwicklung einer Social Media-Strategie einen Überblick über die bestehenden Konversationen im Social Web verschaffen. Diese Beobachtungen sind wichtig, um eine Idee von der Funktionsweise von Social Media-Plattformen zu erhalten und gegebenenfalls bereits Schnittstellen zum Einsatz von Social Media zu finden. Dabei ist es vorteilhaft, sowohl Themenschwerpunkte und Konversationsorte als auch die beteiligten Kommunikationspartner zu analysieren. Tools und Anwendungen zur Analyse dieser Konversationen folgen im Unterpunkt *Konkrete Umsetzung und Implementierung*. Basierend auf den ersten Beobachtungen, kann sich ein Unternehmen bewusst zur Entwicklung einer Social Media-Strategie entscheiden. Dazu ist es, wie in der Designschule aufgezeigt, sinnvoll, die Chancen und Risiken zu analysieren, die sich aus Social Media-Aktivitäten im Bereich der Kundenkommunikation ergeben können. Chancen entstehen vor allem durch die Möglichkeit, einen weiteren Kommunikationskanal zu nutzen und so einen direkten Zugang zu neuen und bestehenden Zielgruppen zu erhalten. Auf Social Media-Plattformen können außerdem Kampagnen ausgeweitet, eventuelle neue Kooperationspartner gefunden und weitere Absatzmärkte erschlossen

[151] Social Media Monitoring ist die Identifikation, Verfolgung und Auswertung von nutzergenerierten Beiträgen auf Social Media-Plattformen (infospeed GmbH (2010) o.S).

werden. Zusätzlich profitieren die Effektivität der Kommunikation und die angrenzenden Marketing- und Produktbereiche vom direkten Gespräch mit dem Kunden. So können zum Beispiel Kundenwünsche bei der Produktentwicklung einbezogen, die Meinung der Online-Nutzer in Marktforschungsdaten integriert und direktes Feedback zu Kampagnen etc. eingeholt werden.

Andererseits ist es essenziell, dass Unternehmen sich auch die Risiken im Umgang mit Social Media bewusst machen. Der Eintritt in die Kommunikation auf den Social Media-Plattformen verlangt Offenheit und Transparenz von Unternehmen, die sie bereit sein müssen zu gewährleisten. Zusätzlich besteht die Möglichkeit, dass Nutzer negative Kritik bzw. Feedback äußern, sodass Social Media-Maßnahmen unter Umständen nicht nur positive Effekte haben. Diese Risiken können jedoch durch die systematische Entwicklung einer Social Media-Strategie minimiert werden.

Hat sich ein Unternehmen für die Entwicklung einer Social Media-Strategie entschieden, erfolgt im ersten Schritt die Definition der Ziele. In der klassischen Kundenkommunikation gibt es drei Arten von Zielen: kognitiv-orientierte, affektiv-orientierte und konativ-orientierte Ziele:

- Kognitiv-orientierte Ziele beziehen sich vor allem auf die Vermittlung von Wissen und Informationen über das Unternehmen, die Marke bzw. das Produkt. Durch die gezielte Informationsübermittlung sollen die Kenntnisse des Kunden aktiv beeinflusst werden. Kognitiv-orientierte Ziele sind zum Beispiel die Steigerung der Bekanntheit, der Aufbau von Kenntnissen über eine spezielle Marke bzw. die individuelle Positionierung und Abgrenzung gegenüber Wettbewerbern.[152]

- Affektiv-orientierte Ziele konzentrieren sich auf die emotionale Wirkung beim Kunden. Sie zielen auf die Bildung einer positiven Einstellung zum Unternehmen ab und dadurch auch auf eine potenziell größere Interaktion des Kunden mit dem Unternehmen. Affektiv-orientierte Ziele sind zum Beispiel die Schaffung eines positiven Images oder der Aufbau von Produktpräferenzen und Vertrauen beim Kunden.[153]

---

[152] Vgl. Bruhn, M. (2007) S. 172.
[153] Vgl. Aerni, M./Bruhn, M./Pifko C. (2008) S. 96 f.

- Konativ-orientierte Ziele streben eine Verhaltensänderung beim Kunden an. Das heißt, dass zum Beispiel die Kaufabsichten beeinflusst werden sollen. Konkrete konativ-orientierte Ziele zielen z.B. auf die Anregung von Probierkäufen, Wiederholungskäufe oder die Weiterempfehlung von Produkten ab.

Nach der Festlegung der allgemeinen Kommunikationsziele müssen diese in Kontext zu Social Media gesetzt werden.[154] Das bedeutet, es muss eine Operationalisierung erfolgen. Zu den oben genannten Zielen muss also ein genauer Zielinhalt in Bezug auf Social Media, eine quantitative Bestimmung des Zieles und ein zeitlicher Bezug hergestellt werden.[155] Der kommunikationspolitische Zielinhalt muss somit auf allgemeine Online- und Social Media-Ziele übertragen werden. Beispiele dafür sind die Erreichung einer großen Reichweite, die Erzielung von positiven Nutzerbeiträgen auf Social Media-Plattformen oder die Erhöhung der Weiterempfehlungen unter den Nutzern. Diese allgemeinen Social Media-Ziele müssen anschließend in plattformspezifische Ziele und Steuerungsgrößen umgesetzt werden. Die genaue Definition der Zielgrößen kann aber erst innerhalb der dritten Phase der konkreten Umsetzung erfolgen, da sie sich auf die gewählten Plattformen und Maßnahmen beziehen. Als letzter Punkt der Operationalisierung muss anschließend ein zeitlicher Bezug zu den plattformspezifischen Zielen und Steuerungsgrößen hergestellt werden, wie z.B. Erreichung von X positiven Nutzerbeiträgen auf dem Unternehmensprofil in einem Sozialen Netzwerk innerhalb von Y Monaten.

In Zusammenhang mit der Bestimmung von Zielen steht auch die Definition der anvisierten Zielgruppe. Um in den nachfolgenden Phasen der Social Media-Planung gezielt Plattformen und Maßnahmen definieren zu können, ist es essenziell, das Verhalten der Zielgruppe im Web 2.0 zu kennen. Dabei spielen sowohl Alter als auch der Umgang mit Social Media eine wichtige Rolle. Abhängig vom Alter haben verschiedene Generationen allgemein betrachtet einen unterschiedlichen Umgang mit Social Media. Drei Generationen sind für Markting- und Kommunikationsziele besonders interessant: Baby Boomer, Generation X und Generation Y.

---

[154] Vgl. Bruhn, M. (2007) S. 172 f.
[155] Vgl. Weber, J./Bramsemann, U./Heineke, C./Hirsch, B. (2004) S. 140 f.

Baby Boomer sind zwischen 1946 und 1964 geboren und waren bisher die Generation, die am wenigsten auf Social Media-Plattformen vertreten war. Ein Bericht von eMarketer zeigt jedoch, dass gerade im Bereich der Baby Boomer ein starker Zuwachs im Social Media-Bereich während der letzten zwei Jahre erfolgt ist.[156]

Generation X ist im Zeitraum von 1964 bis 1979 geboren. Personen aus dieser Generation nutzen das Internet vor allem, um persönliche Bedürfnisse zu befriedigen, zum Beispiel durch Online-Shopping oder -Banking.[157] Auch diese Generation holt in Bezug auf die Nutzung von Social Media-Plattformen immer weiter auf.[158]

Die Social Media-affinste Altersgruppe ist die Generation Y. Zu dieser Generation werden Personen gezählt, die nach 1979 geboren sind. Teilweise werden sie auch als Digital Natives bezeichnet, da sie mit digitalen Technologien wie Computer, Handy und Internet aufgewachsen sind. Die Nutzung dieser Kommunikationstechnologien ist mit dem alltäglichen Leben der Generation Y stark verbunden. Sie nutzen Social Media-Plattformen regelmäßig bzw. täglich und sind somit am stärksten in Sozialen Netzwerken und auf anderen Social Media-Plattformen vertreten.[159]

Die verschiedenen Generationen unterscheiden sich dabei nicht nur durch den Nutzeranteil, sondern auch durch den Grad der Nutzeraktivität und die Intensität der Beschäftigung mit Social Media. Der unterschiedliche Umgang mit den Plattformen kann mithilfe des, von Forrester Research vorgestellten, Social Technographics-Modells beschrieben werden.[160] (Anlage 1) Dabei werden sechs verschiedene Nutzergruppen auf einer Aktivitätsleiter angeordnet. Je höher die Gruppe auf der Leiter eingestuft wird, umso intensiver ist auch die Beteiligung und Mitwirkung der Nutzer auf den verschiedenen Plattformen. Die Gruppe mit der höchsten Aktivität wird in diesem Modell Creators genannt. Sie produzieren aktiv eigene Inhalte, indem sie Blogbeiträge veröffentlichen, eine eigene Webseite pflegen oder zum Beispiel Videos hochladen. Die darunter-

---

[156] Vgl. Philips, L.E. (2010) o.S.
[157] Vgl. Golvin, C.S. (2008) o.S.
[158] Vgl. Harris Interactive (2009) S. 1 f.
[159] Vgl. Harris Interactive (2009) S. 2.
[160] Vgl. Forrester Research (2009) o.S.

liegende Gruppe heißt Critics. Diese Personen kommentieren oder bewerten Inhalte anderer Nutzer, nehmen an Unterhaltungen in Online-Foren teil und beteiligen sich aktiv an Wiki-Einträgen. Die Gruppe mit etwas weniger Nutzeraktivität als die Critics nennt sich Collectors. Diese Personen benutzen RSS-Feeds und verwenden Social Bookmarking- und Social News-Dienste wie z.B. Delicious oder Digg. Die Nutzer der darunterliegenden Gruppe werden im Social Technographics-Modell Joiners genannt. Diese Personen besitzen zumindest ein Profil in einem Sozialen Netzwerk und pflegen dieses regelmäßig. Nutzer mit noch weniger Aktivität werden Spectators genannt. Sie konsumieren überwiegend die Inhalte Anderer. Sie lesen Blogs, schauen sich Videos an, lesen Produktbewertung und Beiträge in Foren und hören Podcasts. Sie beteiligen sich dabei aber nicht aktiv an der Gestaltung von Inhalten im Web 2.0. Die Gruppe auf der untersten Aktivitätsstufe heißen Inactives. Sie kreieren weder Inhalte auf Social Media-Plattformen noch konsumieren sie sie. In Zusammenhang mit dem Social Technographics-Modell hat Forrester Research ein sogenanntes Consumer Profile Tool entwickelt, um verschiedene Zielgruppen nach Alter, Herkunftsland und Geschlecht in die definierten Nutzergruppen einzuteilen.

Auf Grundlage dieser Zielgruppenkenntnisse kann nun analysiert werden, ob die anvisierten Ziele für die Zielgruppe im Bereich Social Media sinnvoll sind, um dann die Ziele ggf. entsprechend anzupassen. So kann die Verfolgung von kognitiven Zielen, wie z.B. die Erzielung von Weiterempfehlungen unter Freunden, in der Altersgruppe der 45 bis 54-Jährigen eher ungeeignet sein, da die Aktivität dieser Nutzer auf den Plattformen sowieso schon als gering einzuschätzen ist. (Anlage 2) Anders ist es in der Gruppe der 18 bis 24-Jährigen. Sie besitzen einen überdurchschnittlich hohen Anteil an Collectors, Critics und Creators und sind aufgrund dessen eher bereit, Weiterempfehlungen auszusprechen oder an ihre Freunde weiterzuleiten.[161] (Anlage 3)

Eine weitere wichtige Betrachtung in Bezug auf die Zielgruppe ist das Involvement, welches gegenüber dem Produkt möglich ist. Das heißt, es muss betrachtet werden, inwieweit die Zielgruppe sich mit dem Produkt identifizieren kann und wie engagiert sie im Umgang mit dem Produkt ist. Bei niedrigem In-

[161] Vgl. Bernoff, J. (2008) o.S.

volvement erfolgt nur eine geringe Beschäftigung mit dem Produkt. Der Kunde empfindet sie häufig als austauschbar, da diese Produkte überwiegend Verbrauchs- bzw. Massengüter darstellen. Besitzt der Kunde im Gegenzug ein hohes Involvement gegenüber einem Produkt, setzt er sich intensiv mit diesem auseinander und konstruiert somit eine stärkere Bindung.[162] Bezüglich der anvisierten Ziele und der Zielgruppe spielt das Involvement somit eine wichtige Rolle. Zum Beispiel ist die Verfolgung von kognitiven Zielen bei einem Produkt mit niedrigem Involvement, wie zum Beispiel Zucker oder Mehl, eher schwierig, da der Kunde keinen Anreiz besitzt, dieses Produkt, mit dem er sich nur oberflächlich beschäftigt, weiterzuempfehlen.

Infolgedessen ist in Bezug auf die Ziel- und Zielgruppenbildung zu beachten, dass verschiedene Aspekte einbezogen werden müssen und dass eine starre und alleinige Konzentration am Consumer Profile Tool nicht sinnvoll ist. Einerseits basiert das Modell auf aggregierten Marktforschungsdaten und kann somit aufgrund der dynamischen Veränderungen im Bereich Social Media keine dauerhafte Gültigkeit haben. Aufgrund dessen ist es sinnvoll, auch aktuelle Entwicklungen des Nutzungsverhaltens der verschiedenen Altersgruppen und die Entwicklung einzelner Social Media-Plattformen zu beobachten, zu analysieren und in die Strategiebildung einfließen zu lassen. Andererseits müssen auch Überlegungen wie das zuvor beschriebene Involvement des Kunden in Bezug auf das Produkt einbezogen werden, um einen fundierten Ausgangpunkt für eine Social Media-Strategie zu erhalten.

Auf Grundlage der anvisierten Ziele und der Zielgruppe, muss im Anschluss ein Social Media-Budget festgelegt werden. Dieses basiert einerseits auf dem zur Verfügung stehenden Marketingbudget und andererseits auf den geschätzten Kosten der Social Media-Aktivitäten. Dabei stellt sich vordergründig die Frage, wie wichtig dem Unternehmen das Engagement auf Social Media-Plattformen ist.

Die Kosten für Social Media-Aktivitäten setzen sich zum einem aus der Benutzungsgebühr der einzelnen Plattformen und Tools und zum anderen aus den Kosten für die Planung, Gestaltung und Durchführung der Aktivitäten zusammen. Da die meisten Accounts auf Social Media-Plattformen kostenlos sind und

[162] Vgl. Jaritz, S. (2008) S. 14 ff.

auch viele kostenlose Tools für z.B. das Social Media-Monitoring zur Verfügung stehen, stellt dieser erste Kostenblock nur einen geringen Anteil dar. Der größte Teil der Kosten entsteht durch die Planung, Gestaltung und Betreuung der Social Media-Kampagnen. Jeder dieser genannten Punkte kann sowohl unternehmensintern als auch -extern durch einen Dienstleister durchgeführt werden. Somit muss in Verbindung mit der Festlegung eines Social Media-Budgets auch entschieden werden, ob die anfallenden Aufgaben ausgelagert werden sollen oder nicht. Dabei ist es sinnvoll, die Vorteilhaftigkeit der einzelnen Möglichkeiten zu evaluieren.

Grundsätzlich bestehen drei Alternativen. Einerseits können die einzelnen Aktivitäten von einem externen Dienstleister durchgeführt werden. Andererseits kann die Übernahme der Aktivitäten auch intern im Unternehmen erfolgen, sodass die Aufgaben entweder von bestehenden Mitarbeitern übernommen werden oder eine neue Person eingestellt wird. Um sich für eine dieser drei Möglichkeiten zu entscheiden, sollte besonders der Grundgedanke beachtet werden, dass Social Media vor allem aus der Konversation zum Nutzer besteht. Wird diese Konversation nicht gepflegt, kann auch kein Nutzen aus ihr gezogen werden.

Vorteile bei einer unternehmensinternen Betreuung der Social Media-Aktivitäten bestehen vordergründig in der Authentizität, der Transparenz und dem Engagement der von Mitarbeitern geführten Kommunikation. Mitarbeiter können zum Beispiel einen Blog führen, in dem sie authentische Erfahrungen aus ihrem Job mit anderen Nutzern teilen und so einen direkten Einblick gewährleisten. Diese Mitarbeiter haben zusätzlich eine starke Bindung an und ein großes Know-how über das Unternehmen, sodass eine Kommunikation mit den Nutzern effektiver geführt wird. Zusätzlich hat das Unternehmen so eine direkte Kontrolle über alle Social Media-Aktivitäten und kann unmittelbar auf Entwicklungen im Social Web reagieren.

Ein Nachteil bei der internen Planung, Gestaltung und Durchführung von Social Media-Aktivitäten ist die fehlende Erfahrung im Umgang mit Social Media. Im Falle, dass es keine Mitarbeiter gibt, die sich bereits sehr aktiv im Social Web bewegen und ein fundiertes Wissen über Funktionsweise und Möglichkeiten der einzelnen Plattformen besitzen, müssen aufwendige Analysen und Schulungen vorgenommen werden. In Bezug auf die interne Betreuung der Social Media-Aktivitäten müssen außerdem die zeitlichen Kapazitäten der Mitarbeiter berücksichtigt werden. Die Frage besteht dabei darin, wie viel Zeit ein Unternehmen in Social Media investieren möchte. Ein Beispiel dafür ist, dass jeden Tag zwei Stunden zur Pflege der Social Media-Plattformen eingeplant werden sollen. Auf Grundlage dessen kann ein Unternehmen dann entscheiden, ob ein Mitarbeiter diese Aufgaben übernehmen kann oder eine neue Person eingestellt werden soll. Eine Betreuung durch bestehende Mitarbeiter stellt zwar einen niedrigen Kostenfaktor dar, jedoch kann eine effektive Betreuung der Social Media-Plattformen eingeschränkt sein, wenn die verantwortlichen Mitarbeiter weitere umfangreiche Aufgaben im Unternehmen besitzen. Im Falle der Einstellung eines neuen Mitarbeiters besteht das Problem darin, dass dieser noch keinen tiefgründigen Einblick in das Unternehmen besitzt und sich unternehmensinternes Wissen erst aneignen muss. Zusätzlich entsteht dabei ein hoher permanenter Kostenfaktor. In diesem Fall muss innerhalb des Social Media-Budgets das Gehalt des Mitarbeiters als Kosten der Planung, Gestaltung und Betreuung berücksichtigt werden.

Beim Outsourcing der Social Media-Aktivitäten besteht der Vorteil darin, dass die Planung, Erstellung und Betreuung der Profile durch Experten erfolgt. Durch die Auswahl einer erfolgreichen Agentur kann z.B. auf deren Erfahrung und Netzwerke im Social Web zurückgegriffen werden. Weiterhin kann eine Agentur in der Rolle des Dienstleisters die zeitlichen Ressourcen aufbringen, um eine Social Media-Kampagne effektiv zu pflegen. Somit wird eine ständige Betreuung durch die Agentur gewährleistet. Weiterhin ist es möglich ein professionelles Social Media-Monitoring und die Bereitstellung von Kennzahlen als Teil der Agenturleistung zu buchen, sodass das Unternehmen direkt aggregierte Kennzahlen erhält. Ein zusätzlicher Vorteil besteht darin, dass durch das Outsourcing Kosten reduziert werden können, da kein permanenter Mitarbeiter zur Betreuung der Social Media-Aktivitäten angestellt wird. Im Budget werden dann die Kostenvoranschläge des Dienstleisters berücksichtigt.

Nachteile bezüglich des Outsourcings entstehen vordergründig durch die abnehmende Kontrolle über die einzelnen Social Media-Aktivitäten. Es ist daher von großer Bedeutung, dass mit dem Dienstleister verbindliche Absprachen zu Zielen, Kampagnenverlauf und Reportings getroffen werden. Ein weiterer negativer Aspekt des Outsourcings ist, dass kein Lernprozess innerhalb des Unternehmens stattfinden kann. Anpassungen und Änderungen der Social Media-Strategie müssen vordergründig vom Dienstleister initiiert und vorgeschlagen werden. Weiterhin leidet durch das Outsourcing die Spontanität, Schnelligkeit und Natürlichkeit der Kommunikation. Da es bei den Nutzern häufig zu speziellen Fragen oder Kommentaren kommt, die durch ein normales Briefing nicht beantwortet werden können, verzögert sich aufgrund des Rückfrageprozesses die Antwort und somit auch der Kommunikationsfluss.

Ein weiterer möglicher Aspekt des Outsourcings besteht darin, nur Teile der Social Media-Aktivitäten von einem externen Dienstleister betreuen zu lassen. Schlussfolgernd lässt sich feststellen, dass die Entscheidung für oder gegen Outsourcing der Social Media-Aktivitäten vor allem von zeitlichen, personellen und finanziellen Ressourcen abhängig ist. Die zeitlichen Ressourcen beziehen sich dabei auf die zur Verfügung stehende Zeit der Mitarbeiter und den zeitlichen Umfang der Social Media-Kampagnen. Die personellen Ressourcen beschreiben das Know-how in Bezug auf Social Media, welches bereits bei den Mitarbeitern vorhanden ist und genutzt werden könnte. Die finanziellen Aspekte stehen vor allem in Verbindung mit dem verfügbarem Budget. Somit können beispielhaft drei Situationen angebracht werden:

- Wenn ein Unternehmen Social Media-Aktivitäten nur in geringem Umfang durchführen möchte und schon Mitarbeiter mit großem Social Media-Know-how besitzt, ist eine Übernahme der Aktivitäten durch einen bestehenden Mitarbeiter sinnvoll. Diese Aufgaben kann er aufgrund des geringen Umfanges mit seinen Zeitkapazitäten wahrscheinlich noch vereinen.

- Sind die Social Media-Aktivitäten jedoch mit einem hohen zeitlichen Aufwand verbunden und ist das Budget restriktiv angesetzt, ist es für Unternehmen sinnvoll, Social Media-Aktivitäten auszulagern, da so professionell und kosteneffektiv gehandelt werden kann.

- Für Unternehmen die bereit sind die zeitlichen Kapazitäten im Unternehmen zu schaffen und ein großes Social Media-Budget langfristig bereitzustellen, ist die Übernahme der Social Media-Aktivitäten durch neue Mitarbeiter bzw. durch ein neues eigenes Team sinnvoll. Dabei kann innerhalb der Planung und Erstellung der Profile zwar trotzdem eine Konsultation mit anderen Dienstleistern erfolgen, die Betreuung der Plattform und die Konversationen zum Nutzer erfolgt jedoch durch eigene Mitarbeiter. So kann das Feedback und die Informationen der Nutzer ungefiltert direkt im Unternehmen genutzt werden und eine engere Beziehung zum Kunden aufgebaut werden.

4.1.2 Taktische Analyse und Definition

Nachdem in der vorherigen Phase grundlegende strategische Entscheidungen getroffen wurden, gilt es in der anschließenden Phase taktische Überlegungen zur Auswahl der geeigneten Plattformen durchzuführen. Die folgenden Analysen und Definitionen werden vordergründig nur dann durchgeführt, wenn ein Unternehmen sich entschieden hat, die Social Media-Aktivitäten intern zu übernehmen. Neben diesen Analysen sollte deshalb auch immer der zeitliche Aufwand der Betreuung der jeweiligen Plattform und die zu Verfügung stehenden zeitlichen Kapazitäten der Mitarbeiter beachtet werden.

Zuerst erfolgt eine grundlegende Analyse, welche Plattformen in Bezug auf die anvisierten Ziele genutzt werden können und welchen Beitrag sie innerhalb der Kundenkommunikation leisten können. Im Folgenden sind einige typische Einsatzbereiche unterschiedlicher Social Media-Plattformen dargestellt.

Blogs: Blogs können von Unternehmen vor allem als eigene Unternehmens-, Kampagnen- oder Produkt-Blogs genutzt werden. Nutzer bzw. Kunden können dann mit diesen Blogs interagieren, indem sie Blogbeiträge kommentieren, sie zu anderen Beiträgen verlinken und in eine Diskussion mit anderen Nutzern und dem Unternehmen treten. Somit wird ein direkter persönlicher Kontakt und Meinungsaustausch möglich. Für Unternehmen stellen Blogs einen neuen Kommunikationskanal zum Kunden dar, der vor allem für kognitve und affektive Ziele, wie z.B. Steigerung der Bekanntheit oder Imageaufbau, genutzt werden kann.

Microblogging-Plattformen: Diese Plattformen können ebenfalls als weiterer Kommunikationskanal zum Kunden genutzt werden. Einerseits ist es möglich, gezielt Angebote und aktuelle Informationen in seinem Netzwerk zu platzieren und zu verbreiten, andererseits kann ein Unternehmen einen Dialog mit den Kunden initiieren und auf andere Online- bzw. Social Media-Präsenzen des Unternehmens aufmerksam machen. Somit können Microblogging-Plattformen vor allem für kognitive und affektive Ziele genutzt werden.

Soziale Netzwerke: Soziale Netzwerke besitzen vielfältige Nutzungsmöglichkeiten. Unternehmen können auf diesen Plattformen eigene Profile anlegen und sich wie normale Nutzerprofile mit anderen Nutzern befreunden. Auf diesem Profil können dann individuelle Informationen in Form von Beiträgen, Kommentaren, Bildern, Videos und Links zur Verfügung gestellt werden, die der Kunde bei Bedarf abfragen kann. Eine weitere Möglichkeit ist die Entwicklung einer eigenen Community, in der man themeninteressierten Kunden eine Plattform zum Ideenaustausch bietet.[163] Beide Varianten ermöglichen dem Unternehmen einen unmittelbaren Kontakt zum Kunden und die Möglichkeit zum aktiven Dialog über aktuelle Ereignisse, Produkte und das Unternehmen selbst. Durch die Vernetzung der Mitglieder untereinander können Soziale Netzwerke außerdem für virale Kampagnen und zur exponentiellen Verbreitung von Produktinformationen genutzt werden.[164] Durch diese vielseitigen Nutzungsoptionen können in Sozialen Netzwerken und Communities sowohl kognitive und affektive als auch konative Ziele verfolgt werden.

Content-Aggregatoren: Content-Aggregatoren können für die Kundenkommunikation genutzt werden, indem eigene RSS-Feeds z.B. auf der Unternehmens-Webseite zur Verfügung gestellt werden. Somit können Kunden diese RSS-Feeds abonnieren und über alle News und Updates des Unternehmens informiert bleiben. Infolgedessen können Content-Aggregatoren ebenfalls vor allem für kognitive und affektive Ziele, z.B. zur Erhöhung von Unternehmens- und Produktkenntnissen genutzt werden.

Newsgroups/Foren: In Newsgroups und Foren erfolgt primär ein Meinungsaustausch der Nutzer untereinander. Unternehmen können sie besonders für

[163] Vgl. Li, C./Bernoff, J. (2008) S. 7 f.
[164] Vgl. Langner, S. (2009) S. 81.

kognitive und affektive Ziele nutzen, indem sie Informationen auf diesen Plattformen bereitstellen und als Unternehmen in die Diskussion eintreten.

Wikis: Wikis sind als weiterer Kanal zur Informationsbereitstellung nutzbar. Beiträge zum eigenen Unternehmen können sowohl von externen Usern als auch vom Unternehmen selbst generiert werden. Somit dienen diese Plattformen überwiegend zum Aufbau von Kenntnissen über das Unternehmen bzw. über das Produkt und dient somit insbesondere kognitiven Zielen.

Social News- und Social Bookmarking-Dienste: Social News- und Social Bookmarking-Dienste fördern besonders die Weiterempfehlung und die virale Verbreitung von Inhalten. Unternehmen können diese Dienste auf ihren Webseiten oder Blogs in Form von kleinen Buttons integrieren und erleichtern somit die Verbreitung der Beiträge.

Media Sharing-Plattformen: Sharing-Plattformen dienen der Bereitstellung von multimedialen Inhalten. Dabei können Videos, Bilder bzw. Musik vom Unternehmen auf die Plattform geladen und somit den Nutzern zugänglich gemacht werden. Diese können anschließend die Inhalte bewerten und kommentieren und so in eine Interaktion mit dem Unternehmen treten. Folgedessen können diese Plattformen sowohl zur Erreichung kognitiver und affektiver Ziele als auch für konative Ziele genutzt werden.

Virtuelle Welten: In virtuellen Welten haben Unternehmen die Möglichkeit, als Avatare in Kontakt mit dem Kunden treten. Zusätzlich können virtuelle Showrooms erstellt werden, in denen die Produkte bzw. das Unternehmen vorgestellt werden. Aufgrund der vielfältigen Interaktionen und Nutzungsweisen innerhalb virtueller Welten, können kognitive, affektive und konative Ziele verfolgt werden.

Mithilfe dieses grundlegenden Wissens und dem im vorherigen Kapitel vorgestellten, Consumer Profile Tool kann nun eine Auswahl geeigneter Plattformen mit Hinsicht auf die anvisierte Zielgruppe erfolgen.

Durch die Analyse der Anteile der einzelnen Social Technographics-Charaktere innerhalb der Zielgruppe kann evaluiert werden, welche Plattformen am effektivsten nutzbar sind. Als Beispielzielgruppe für eine konkrete Maßnahme sollen hier einmal junge Mütter im Alter von 25 bis 34 Jahren in Deutschland angenommen werden. Junge Mütter gehören laut Nielsen zu einer wichtigen Wachstumsgruppe im Social Web.[165] Innerhalb des Consumer Profile Tools lässt sich nun erkennen, dass diese Zielgruppe mit 43% einen überdurchschnittlich großen Anteil an Joiners besitzt. (Anlage 4) Ebenfalls über dem Durchschnitt liegt der Anteil der Creators und Critics. Das bedeutet, dass junge Mütter gern in Communities und Sozialen Netzwerken kommunizieren, sich untereinander austauschen und eigene Inhalte in Form von Kommentaren oder Beiträgen generieren. Eine Möglichkeit ist daher der Aufbau einer eigenen themenspezifischen Community bzw. die Erstellung eines Forums zu Themen, die junge Mütter interessieren. So kann das Unternehmen sich automatisch in die Diskussionsthemen und Beiträge einbringen und bietet der Zielgruppe einen zusätzlichen Nutzen im Social Web. Andererseits sollte die Social Media-Strategie für diese Zielgruppe auch Präsenzen in Sozialen Netzwerken und themenbezogenen Foren bzw. Newsgroups beinhalten. Aufgrund der großen Vielfalt der Social Media-Plattformen und den begrenzten Ressourcen seitens des Unternehmens, müssen jedoch spezielle zielgruppengeeignete Plattformen herausgefiltert werden. Diese Auswahl kann mit dem AGOF[166] Planungstool TOP erfolgen. Die Planung innerhalb dieses Tools basiert auf den AGOF internet facts, welche die Reichweiten und Strukturdaten für verschiedene Plattformen quartalsweise analysiert. Durch die Medienanalyse und die Rangreihe innerhalb des Planungstools können verschiedene Medien zielgruppenbezogen durch ihre Netto-Reichweite[167], die Brutto-Reichweite[168] und den Tausend-Kontakt-Preis[169] verglichen werden. Somit ist es möglich z.B. bezogen auf das obere Beispiel, Plattformen herauszufiltern, auf denen Frauen zwischen 25 und 34 am häufigsten erreicht werden.

Da die gezielte Social Media-Planung immer mehr an Bedeutung zunimmt, versucht auch die AGOF, ihr Planungstool Top weiterzuentwickeln. Somit werden zukünftig "Aktivitäts-Buchungseinheiten" zu den einzelnen Medien hinzugefügt.

[165] Vgl. Nielsen (2009) S. 10.

[166] AGOF ist ein Zusammenschluss führender Online-Vermarkter in Deutschland (AGOF (2010a) o.S).

[167] Gibt die Anzahl der Personen an, die durch den Werbeträger bzw. die Kombination der Werbeträger erreicht wurden (vgl. AGOF (2010b) S. 7).

[168] Bezeichnet die Summe aller erreichten Kontakte in der betrachteten Zielgruppe in einem festgelegten Zeitraum (vgl. AGOF (2010b) S. 2).

[169] Gibt an wie hoch der Preis ist, um 1.000 Personen in einer Zielgruppe mit einem Werbeträger zu erreichen (vgl. AGOF (2010b) S. 9).

Diese setzen sich aus Bewertungsgrößen der vier verschiedenen Aktivitätscluster, Networking, Contribution, Sharing und Messaging, zusammen. Networking beinhaltet dabei die Aktivitäten zur Vernetzung der Nutzer untereinander. Contribution bezieht sich auf alle Aktionen in Bezug auf die Erstellung von Inhalten. Das Cluster Sharing umfasst die Verbreitung und Weiterleitung dieser Inhalte, und der Bereich Messaging beinhaltet vor allem die direkte Kommunikation über E-Mails oder Messenger.[170]

Bei der Auswahl mehrerer Plattformen und einer plattformübergreifenden Kampagne innerhalb der Social Media-Strategie ist es wichtig, dass eine einheitliche Gestaltung der Aktivitäten auf den unterschiedlichen Plattformen erfolgt. Das bedeutet, dass das Design, die Tonalität und die Inhalte aneinander angepasst sein sollten. Dabei müssen aber trotzdem plattformspezifische Besonderheiten, wie z.B. der Sprachstil, beachtet und integriert werden. Weiterhin ist es sinnvoll, technische Vernetzungsmöglichkeiten der einzelnen Plattformen zu analysieren. So lassen sich z.B. in den Microblogging-Dienst Twitter Statusmeldungen von Sozialen Netzwerken oder neue Blogbeiträge integrieren und aktualisieren.[171]

Im nächsten Schritt müssen dann geeignete Maßnahmen und Kommunikationsinhalte für die Social Media-Strategie formuliert werden. Dazu muss sich ein Unternehmen zuerst die grundsätzliche Frage stellen, ob die Social Media-Maßnahmen unabhängig von bestehenden Konversationen und Themenschwerpunkten gestaltet werden sollen oder nicht. Da auch ohne ein Engagement von Unternehmen im Social Web eine Unterhaltung über die Produkte und das Unternehmen erfolgt, ist es sinnvoll, diese zu beobachten, Besonderheiten der Plattformen zu analysieren und inhaltliche Ansatzpunkte für eine Kommunikation mit dem Kunden zu finden. Diese Beobachtungen können als ein vergangenheitsorientiertes Social Media-Monitoring durchgeführt werden. Tools zur Durchführung dieser Analyse werden im folgenden Unterpunkt näher erläutert. Um einen allgemeinen Überblick zu erhalten, ist es dabei wichtig, die stattfindenden Konversationen nach folgenden Kriterien zu prüfen:

---

170 Vgl. Neises, B. (2010) o.S.
171 Vgl. BVDW e.V. (2009) S. 62 f.

Zuerst ist es wichtig zu untersuchen, wer über die Produkte und das Unternehmen spricht und was gesprochen wird. Eventuell gibt es schon Personen, die die Produkte des Unternehmens sehr positiv bewerten und aktiv in Diskussionen verteidigen. Zusätzlich ist es interessant zu beobachten, welche Themen in Bezug auf das Unternehmen die Nutzer am meisten interessieren. So können eventuelle zukünftige Ansatzpunkte für die Social Media-Aktivitäten gefunden werden. Ein weiterer wichtiger Aspekt, der mit den vorangegangenen Überlegungen korreliert, ist die Analyse, auf welchen Plattformen die Konversationen stattfinden. Die folgenden zwei Untersuchungspunkte konzentrieren sich auf den Anlass und den Zeitpunkt der Nutzerkonversation. Gespräche können zum Beispiel aufgrund eines neuen Kampagnenstarts, einer Produkteinführung oder eines bestimmten Firmenereignisses erfolgen. Diese Punkte sind besonders wichtig für die Analyse, da sie einen Anhaltspunkt für die Initiierung einer eigenen Social Media-Konversation geben können.

Im Anschluss an diese Beobachtung muss ein Unternehmen Themenschwerpunkte bestimmen, die auf Grundlage der vorherrschenden Nutzerkonversationen einen Eintritt in die Kommunikation ermöglichen. Dabei sollte überlegt werden, welche Anreize den Nutzern gegeben werden können, damit sie an der Kommunikation teilnehmen. Beispiele dafür sind das Angebot von Gewinnspielen, spielerischen Apps in Sozialen Netzwerken oder die Einbeziehung von Nutzermeinungen in die Produktentwicklung. Ein anderer Ansatz zur Bestimmung von Social Media-Inhalten ist die Suche nach Themen, die Mitarbeiter im Unternehmen interessieren und diese ambitioniert verfolgen. Eine weitere Herangehensweise ist die Beobachtung der Aktivitäten der Wettbewerber. Bedeutend dabei ist die Analyse, auf welchen Plattformen konkurrierende Unternehmen bereits aktiv sind, welche Social Media-Maßnahmen durchgeführt werden und welche Zielgruppe anvisiert wird. Somit lässt sich einerseits ein erster Eindruck über die Reaktionen der Nutzer und über den Erfolg der gewählten Maßnahmen gewinnen, andererseits können ähnliche Kampagneninhalte zum Beispiel in Sozialen Netzwerken vermieden werden.

4.1.3 Konkrete Umsetzung und Implementierung

Bevor die konkrete Umsetzung und die Implementierung der Kampagne erfolgt, ist eine Analyse der Stärken und Schwächen des Unternehmens im Bereich Social Media sinnvoll. Diese kann ähnlich der SWOT-Analyse aus der Designschule erfolgen.

Im Zuge der Stärkenanalyse sollten dabei vor allem Aspekte des Unternehmens betrachtet werden, die potenziell einen Vorteil gegenüber Wettbewerbern darstellen. Ein erster wichtiger Aspekt sind die zur Verfügung stehenden Ressourcen. Diese beziehen sich sowohl auf kreative und inhaltliche als auch personelle Aspekte. Im engeren Sinne besteht die Frage darin, ob das Unternehmen Inhalte in Form von Text, Bild oder Video besitzt, durch die es das Interesse beim Nutzer wecken und so seine Stärke im Bereich Social Media ausbauen kann. In personeller Hinsicht bestehen die Stärken vor allem darin, dass das Unternehmen genügend Kapazitäten zur Verfügung hat, um zeitlich und inhaltlich angemessen auf die Nutzerkommunikation reagieren zu können. Eventuell gibt es bereits Mitarbeiter, die in einer regen Kommunikation mit anderen Nutzern auf den Plattformen stehen und deren Wissen in die Social Media-Maßnahmen einfließen kann. Ein weiterer Punkt zum Ausbau der Stärken des Unternehmens ist die Suche und Erkennung von Brand Ambassadors[172]. Das sind zum Beispiel aktive Community-Mitglieder oder auch Mitarbeiter sein, die in der Konversation im Social Web aktiv aus eigener Überzeugung für das Unternehmen bzw. die Marke und das Produkt eintreten. Diese können dann gezielt angesprochen und gegebenenfalls in die Social Media-Strategie integriert werden.

Schwächen des Unternehmens ergeben sich vor allem im Verlauf der Kampagne, durch eine inkonsistente Durchführung der Social Media-Maßnahmen. Das bedeutet, dass die Kampagne nach der Implementierung nicht ausreichend gepflegt, beziehungsweise Ziele nicht effektiv genug verfolgt werden. Dieser Fall tritt vor allem dann ein, wenn der personelle und zeitliche Aufwand von Social Media-Aktionen unterschätzt wird. Ein weiterer Schwachpunkt kann sich durch den Mangel an Tools und Ressourcen im Bereich des Social Media-Monitorings

[172] Personen, die das Unternehmen, die Marke bzw. das Produkt im Social Web aktiv befürworten und weiterempfehlen (vgl. Weinberg, T. (2009) S. 26 f).

und der Kennzahlensteuerung ergeben. Durch ein mangelhaftes Monitoring z.B. können Wissenslücken entstehen, die dazu führen, dass vorhandene Chancen nicht effektiv genutzt werden.

In der Phase der konkreten Umsetzung der Social Media-Aktivitäten werden diese Analyseergebnisse dann genutzt, um mit den gefundenen Stärken bestehende Chancen zu nutzen und Schwächen und somit Gefahren zu minimieren.

Bei der konkreten Umsetzung der Social Media-Aktivitäten müssen vier Kernfragen beantwortet werden, die grundsätzlich auch bei der Umsetzung traditioneller Marketingkampagnen zu finden sind: Zuerst muss überlegt werden, wie der Workflow[173] der geplante Maßnahmen erfolgen kann. Ein weiterer wichtiger Aspekt ist die Steuerung und Messung der durchgeführten Maßnahmen. Dabei ist es wichtig, Kenngrößen und Tools zu bestimmen, um den Erfolg der Social Media-Strategie effizient kontrollieren zu können. Weiterhin ist es sinnvoll, Kombinationsmöglichkeiten der Social Media-Maßnahmen mit bisherigen bzw. traditionellen Kommunikationsmaßnahmen zu prüfen und mögliche Kooperationspartner zu evaluieren. Im letzten Schritt müssen dann Maßnahmen und Richtlinien geschaffen werden, um die Mitarbeiter des Unternehmens in die Social Media-Strategie optimal zu integrieren.

Die Koordination des Workflows innerhalb des Unternehmens ist der erste wichtige Aspekt. Dabei stellt sich die Frage, wie der Arbeitsfluss innerhalb des Social Media-Teams erfolgen soll. Um diesen effektiv organisieren zu können, ist es anfangs sinnvoll, zu analysieren, welche der Social Media-Aktivitäten für das Unternehmen am wichtigsten ist. Basierend darauf und in Abhängigkeit der zur Verfügung stehenden zeitlichen Ressourcen, kann dann ein Bearbeitungsrhythmus festgelegt werden. Einige Aspekte sollten dabei bedacht werden, wie zum Beispiel: Wie oft soll ein Blogbeitrag oder andere Inhalte veröffentlicht werden? Wie schnell soll auf Nachrichten und Kommentare von Nutzern geantwortet werden? Auf welche Nachrichten soll überhaupt eine Antwort erfolgen? Erfolgt die Bearbeitung der Plattformen auch am Wochenende? Mithilfe einer vorab durchgeführten Analyse des Arbeitsflusses können die benötigten Kapazitäten effektiver eingeschätzt und die Abläufe effektiver gestaltet werden.

---

[173] Arbeitsfluss bzw. Arbeitsablauf.

Vor der Implementierung der Social Media-Aktivitäten sollten außerdem Steuerungselemente und -mechanismen festgelegt werden. Dabei ist sowohl eine qualitative als auch quantitative Betrachtung erforderlich. Die qualitative Analyse der Social Media-Aktivitäten erfolgt vor allem durch das sogenannte Social Media-Monitoring. Durch die Beobachtung aktueller Konversationen auf den Social Media-Plattformen können dabei Potenziale entdeckt, mögliche Informationslücken zeitnah geschlossen und aufkommenden Problemen bzw. Krisen proaktiv entgegengewirkt werden. Innerhalb dieser Analyse müssen zuerst die Anforderungen für das Monitoring festgelegt werden. Dabei ist wichtig, welche Aspekte der Kommunikation für das Unternehmen überhaupt interessant sind und welche Sachverhalte genauer analysiert werden sollen. So kann es zum Beispiel von besonderem Interesse sein, welche Meinung die Nutzer über ein bestimmtes Produkt, die aktuelle Kampagne oder direkte Wettbewerber haben. Basierend auf diesen Überlegungen müssen Keywords[174] für die Sucheingabe in die Social Monitoring Tools gefunden werden. Dabei ist auch wichtig, in welcher Sprache Nutzermeinungen beobachtet werden sollen. Möchte ein Unternehmen zum Beispiel Nutzermeinungen in Bezug auf ein neues Produkt in Erfahrung bringen, ist es sinnvoll, z.B. mit dem Namen des Produktes als Keyword zu starten. Weiterhin müssen die Reporting-Zyklen für das Monitoring festgelegt werden. In Phasen der Produkteinführung oder dem Start einer neuen Kampagne z.B. kann die Beobachtung der Nutzerreaktionen von besonders großem Interesse sein, sodass die Zeitintervalle für das Reporting verkürzt werden sollten. In Zusammenhang mit dem Reporting muss außerdem vereinbart werden, wie auf kritische Beiträge reagiert wird und wann diese als ernsthafte Krise definiert werden. Hilfreich dafür kann ein Entscheidungsbaum sein, auf dem zur Verfügung stehende Entscheidungen und ihre möglichen Konsequenzen dargestellt werden. Einzelne kritische Beiträge werden im Social Web, aufgrund der höheren Anonymität, schneller geäußert, stellen jedoch nicht unbedingt eine aufkeimende Krise dar. Somit ist es zwar wichtig, innerhalb des Social Media-Monitorings, diese Konversationen aufmerksam zu verfolgen, jedoch auch keine Überreaktion zu veranlassen.

[174] Wort bzw. Wortgruppe, die als Suchbegriff in Social Media Monitoring Tools bzw. Suchmaschinen verwendet wird.

Zur Durchführung des Social Media-Monitorings gibt es verschiedene Tools, die zur Anwendung kommen können. Diese Monitoring-Lösungen variieren von der manuellen Analyse über kostenlose Aggregatoren-Tools bis hin zu professionellen kostenpflichtigen Monitoring-Tools. Für den Start einer Social Media-Strategie können zuerst kostenlose Aggregatoren-Tools zur Analyse herangezogen werden. Sie bieten die Möglichkeit, verschiedene Plattformen nach Kommentaren, Konversationen und Beiträgen zu ausgewählten Keywords zu durchsuchen. Beispiele dafür sind die Dienste Addict-o-matic, socialmenion, hootsuite und boardtracker. Zur ergänzenden manuellen Analyse werden zusätzlich verschiedenen Bewertungsplattformen und Foren, wie z.B. kelkoo, ciao oder doyoo als auch Kommentare und Beiträge auf den genutzten Social Media-Plattformen bzw. Profilen herangezogen. Professionelle Tools wie zum Beispiel Buzzient, Radian6 oder Heartbeat können im Laufe der erfolgreichen Durchführung der Social Media-Strategie bzw. bei umfangreichen Kampagnen eingeführt werden. Diese Tools stellen zumeist über individuelle Dashboards eine größere Komplexität an Social Media-Daten zur Verfügung. Unabhängig von den gewählten Tools ist es wichtig, Statistiken zu den analysierten Nutzermeinungen und -kommentaren festzuhalten und zu speichern. Diese geben einerseits einen Einblick in die Qualität der Beiträge und dienen andererseits der späteren kombinierten Betrachtung zur Ermittlung eines Social Media ROI.

Während der Anfangsphase der Social Media-Aktivitäten kann die Passgenauigkeit der Keywords untersucht werden und gegebenenfalls anschließend modifiziert bzw. erweitert werden. Eine weitere Aufgabe innerhalb des qualitativen Monitorings kann das Herausfiltern von Personen sein, die sich durch positive Kommentare als Fan des Unternehmens, der Marke bzw. des Produkts zu erkennen geben und diese auch aktiv auf der Plattform verteidigen. Das Unternehmen kann daraufhin versuchen, in einen Dialog mit diesen Nutzern zu treten und sie als Brand Ambassadors für Marketingaktivitäten auf den Plattformen zu engagieren. Die Festlegung von quantitativen Steuerungsgrößen erfolgt vor allem in Zusammenhang mit den festgelegten Kommunikationszielen und den ausgewählten Social Media-Plattformen. *Tabelle 2* gibt dabei einen Überblick über mögliche Kennzahlen.

Tabelle 2: Mögliche Social Media Kennzahlen und ihre sachliche Aggregation

Plattform	Mögliche Kennzahlen	Sachliche Aggregation
Blog	Anzahl: • Unique Visitors • RSS Abonnenten • Kommentare • Verlinkungen zu anderen Blogs • Pingbacks und Trackbacks Page Impressions Verweildauer Häufigkeit Vorkommen Blogrolls Google Page Rank	Beitrag zu kognitiven Zielen: • Unique Vistitors, RSS Abonnenten, Page Impressions, Google Page Rank Beitrag zu affektiven Zielen: • Verweildauer, Kommentare Beitrag zu konativen Zielen: • Verlinkungen zu anderen Blogs, Pingbacks, Trackbacks, Blogrolls
Microblog	Anzahl: • Abonnements/Follower • Verlinkungen • Antworten auf Post • Weiterleitung/Wiederholung Posts (Retweets)	Beitrag zu kognitiven Zielen: • Abonnements, Follower Beitrag zu affektiven Zielen: • Antwort auf Post Beitrag zu konativen Zielen: • Weiterleitung, Retweets
Soziales Netzwerk	Anzahl: • Freunde/Fans • Kommentare Pinnwand • Nachrichten • Verlinkte Bilder • Teilnehmer Gewinnspiel • Anforderung Produktprobe • Installation App Page Impressions Verweildauer	Beitrag zu kognitiven Zielen: • Freunde, Fans, Beitrag zu affektiven Zielen: • Kommentare, Nachrichten, Teilnehmer Gewinnspiel, Installation App Beitrag zu konativen Zielen: • Verlinkungen, Anforderungen Produktprobe
Foren	Anzahl: • Aufrufe Beitrag • Beiträge • Verlinkungen • Klicks auf integrierte Links	Beitrag zu kognitiven Zielen: • Aufrufe Beitrag Beitrag zu affektiven Zielen: • Beiträge, Klicks auf Links Beitrag zu konativen Zielen: • Verlinkungen
Multimedia Sharing-Plattformen	Anzahl: • Viewer/Aufrufe • Abonnements • Kommentare • „Mag ich"	Beitrag zu kognitiven Zielen: • Viewer, Aufrufe, Abonnements Beitrag zu affektiven Zielen: • Kommentare Beitrag zu konativen Zielen: • „Mag ich"
Virtuelle Welten	Anzahl: • Besucher Showroom • Verkäufe Verweildauer	Beitrag zu kognitiven Zielen: • Besucher, Verweildauer Beitrag zu konativen Zielen: • Verkäufe
Sonstige	Anzahl: • Social Bookmarks • Social News Bookmarks • Einträge Wikis Ranking in Social Bookmarking-Diensten	Beitrag zu affektiven Zielen: • Einträge Wikis Beitrag zu konativen Zielen: • Social Bookmarks, Ranking Social Bookmarking-Diensten

Quelle: Eigene Darstellung

Zur effektiven Steuerung der Social Media-Kampagne müssen diese Kennzahlen aggregiert werden. Die Aggregation sollte dabei zuerst nach zeitlichen Aspekten erfolgen. Das heißt, es erfolgt eine Verdichtung der Kennzahlen in Bezug auf die betrachteten Zeiträume. Kennzahlen, die in absoluten Zahlen angegeben werden, können so effizienter betrachtet werden. Zum Beispiel ist es sinnvoll, Steuerungsgrößen auf einen bestimmten Monat zu beziehen. Besitzt man diese monatliche Kennzahl, lässt sich zusätzlich die prozentuale Änderung zum Vormonat analysieren. Das bedeutet, man kann z.B. analysieren, wie viele neue Fans das Profil in einem Sozialen Netzwerk in diesem Monat gewinnen konnte und wie viel mehr oder weniger das im prozentualen Vergleich zum Vormonat sind. Zusätzlich ist eine detaillierte Darstellung der monatlichen absoluten Kennzahlen in wöchentlichen Durchschnittswerten vorteilhaft. Ein Beispiel dafür ist die durchschnittliche Anzahl der Kommentare auf einem Blog pro Woche. Somit kann der Aktivitätsverlauf und demnach z.B. auch die Beliebtheit eines Blogbeitrages in kürzeren Zeitabständen verfolgt werden. Weiterhin kann auch die Betrachtung der maximalen und minimalen absoluten Anzahl innerhalb eines Monats von Interesse sein. Somit kann im Zusammenhang mit Kampagnenstarts etc. die Reaktion der Nutzer, z.B. durch eine maximale Anzahl von Kommentaren innerhalb des Monats, nachvollzogen werden. Damit auch ein externer Erfolgsbezug der Kennzahlen hergestellt wird, sollte ein Vergleich mit den Social Media-Kennzahlen der Wettbewerber erfolgen. So kann zwar der Zuwachs der Facebookfans oder der Kommentare auf der Pinnwand im Vergleich zu den Vormonaten positiv sein, die absolute Zahl im Vergleich zum Wettbewerber jedoch sehr niedrig.

Im Anschluss an die zeitliche Verdichtung der Kennzahlen ist eine zusätzliche sachliche Aggregation sinnvoll. Dabei werden die Kennzahlen in Bezug auf die Erreichung der anvisierten Ziele zurückgekoppelt. Auch hier kann dann zwischen den drei klassischen kommunikationspolitischen Zielarten kognitiv (z.B. Erhöhung der Bekanntheit), affektiv (z.B. Weckung von Interesse an Angeboten) und konativ (z.B. Weiterempfehlung von Produkten) unterschieden werden. In der folgenden Tabelle wird eine beispielhafte sachliche Aggregation der Kennzahlen vorgenommen. Um den Einfluss von Social Media-Aktivitäten auf den Unternehmenserfolg genauer zu analysieren, müssen diese qualitativen und quantitativen Daten im Zeitvergleich mit anderen Unternehmensdaten verknüpft werden.

Dazu sollte eine Zeitleiste mit erfolgten Social Media-Aktionen und den kumulierten Kennzahlen als Vergleichsgrundlage dienen. Zuerst können die Kennzahlen der Unternehmens-Webseite analysiert werden. Eventuell gab es zum Beispiel eine höhere Anzahl an Besuchern bzw. die Anzahl der Besucher, die über Links von Social Media-Plattformen zur Webseite gelangten, ist gestiegen. Möglicherweise hat sich auch die Teilnahme an Gewinnspielen oder die Anforderungen von Produktproben auf der Unternehmens-Webseite erhöht. Weiterhin ist die Verknüpfung der Social Media-Daten mit finanziellen Größen von großer Bedeutung. Um den „Return on Investment" der Social Media-Kampagnen ermitteln zu können, müssen Kennzahlen wie zum Beispiel die Anzahl von Transaktionen für das beworbene Produkt, Umsatzerlöse, die Anzahl neuer Kunden etc. mit der Social Media-Aktions-Zeitleiste und den Social Media-Kennzahlen verknüpft werden. Das bedeutet, auf einer Zeitleiste müssen quantitative und qualitative Social Media-Daten mit finanziellen Kennzahlen im Verlauf dargestellt werden, um so Korrelationen identifizieren zu können.

Der nächste Aspekt innerhalb der konkreten Umsetzung ist die Kombination der Social Media-Maßnahmen mit bisherigen bzw. traditionellen Kommunikationsmaßnahmen. Durch die Vernetzung der verschiedenen Aktivitäten können innerhalb einer crossmedialen Kampagne[175] bessere Ergebnisse erzielt werden und Budgets effektiver genutzt werden.[176] Kernpunkt einer solchen Kampagne ist ein crossmediales Thema bzw. eine Werbeidee, welche durchgängig über alle beteiligten Kanäle kommuniziert wird. Die Maßnahmen innerhalb der verschiedenen Kommunikationskanäle müssen dabei inhaltlich und gestalterisch aufeinander abgestimmt sein. Die Einbindung von Social Media-Plattformen in crossmediale Strategien ermöglicht dabei die Interaktion mit dem Kunden. Nutzer können zum Beispiel auf Profilen von Sozialen Netzwerken direkt in Kampagnen integriert werden bzw. ein Feedback abgeben. Somit kann die Interaktion des Kunden mit dem Produkt und die Kundenbindung erhöht werden. Wei-

---

[175] Eine crossmediale Kampagne beinhaltet die Nutzung verschiedener kombinierter Kommunikationsmedien (vgl. Lammenett,E. (2009) S. 212 f).

[176] Vgl. Lammenett,E. (2009) S. 212 f.

terhin kommt es durch die Kombination mehrerer Kommunikationsmedien zu einer erhöhten Werbeerinnerung, dem sogenannten Multiplying Effekt.[177]

Ein weiterer Aspekt der Kombination von Kommunikationsmaßnahmen ist die Zusammenarbeit mit Kooperationspartnern. Zurzeit herrscht auf den Social Media-Plattformen eine Many-to-Many-Kommunikation. Das bedeutet, Unternehmen kommunizieren mit vielen Nutzern, die sich wiederum mit anderen Nutzern austauschen und diskutieren. Wie im klassischen Marketing zu beobachten, können durch Kooperationen zweier oder mehrerer Partner Verbundeffekte erzielt werden und Ressourcen effektiver genutzt werden.[178] Im Bereich der Kundenkommunikation kann dabei eine gemeinsame Kommunikation bzw. Co-Advertising[179] zwischen den beteiligten Unternehmen erfolgen. Bezogen auf Social Media könnte das zum Beispiel bedeuten, dass Kooperationspartner ein gemeinsames Profil in Sozialen Netzwerken besitzen oder eine gemeinsame plattformübergreifende Kampagne durchführen. Somit kann die Kommunikation zum Kunden gebündelt werden und zum Beispiel in Form gemeinsamer Nachrichten oder Beiträge erfolgen. Dementsprechend erfolgt eine Entwicklung des Kommunikationsparadigmas von Many-to-Many zu One-to-Many. Das bedeutet, dass Unternehmen gemeinsam und gezielt zu den Nutzern im Social Web kommunizieren. Resultierend daraus, kann eine intelligente und effektive Gestaltung der Kommunikation in Bezug auf Zeit, Ort und Inhalte erfolgen.

Als letzter wichtiger Punkt, vor der Implementierung der Social Media-Strategie, erfolgt die Integration der Mitarbeiter. Da ein Großteil der Mitarbeiter auch privat Social Media-Plattformen nutzt, ist es notwendig, Social Media-Guidelines einzuführen. Sie sollen einerseits als ein Leitfaden zum Umgang mit Social Media-Plattformen und der dort stattfindenden Kommunikation für alle Mitarbeiter dienen. Andererseits stellen sie optimalerweise auch eine Anregung für die Mitarbeiter dar, im Social Web aktiv zu werden.

Zuerst muss innerhalb der Guidelines der Umgang mit Social Media am Arbeitsplatz festgelegt werden. Die Frage besteht vordergründig darin, ob es er-

---

[177] Vgl. Peters, J.(2006) S. 36 f.
[178] Vgl. Branz, P. (2009) S. 37.
[179] Umfasst die gemeinsame Kommunikationspolitik mehrerer Unternehmen bzw. Persönlichkeiten (vgl. Branz, P. (2009) S. 18).

laubt ist, auf Social Media-Plattformen während der Arbeitszeit aktiv zu sein oder nicht. Da sich wahrscheinlich nicht alle Mitarbeiter bereits aktiv am Social Web beteiligen, ist es weiterhin ratsam, Informationen über Inhalte und Funktionsweisen der einzelnen Plattformen bereitzustellen. Im Zuge dessen sollte auch auf Verhaltensweisen, die auf Social Media-Plattformen zu beachten sind, verwiesen und der Umgang mit unternehmensinternen Daten festgelegt werden. So sollten Mitarbeiter z.B. immer ehrlich, transparent und respektvoll im Social Web kommunizieren und keine internen Informationen des Unternehmens veröffentlichen. In Zusammenhang damit sollte auch eine Schulung der Medienkompetenz der Mitarbeiter erfolgen. Der Umgang mit privaten Daten auf Social Media-Plattformen ist bei vielen Nutzern noch zu unbedarft und kann somit auch zu Problemen für das Unternehmen führen. Besonders sollte Mitarbeitern dabei auch bewusst gemacht werden, dass sie für die von ihnen ins Internet gestellten Inhalte bzw. Äußerungen verantwortlich sind. Veröffentlicht ein Mitarbeiter interne Daten des Unternehmens oder diffamiert Kollegen im Social Web, so muss er auch mit Konsequenzen rechnen. Als letzter Teil kann ein FAQ Abschnitt eingefügt werden, in dem häufig gestellte Fragen und Probleme behandelt werden. Zusätzlich sollten dabei auch die Kontaktdaten des Social Media-Teams zur Verfügung gestellt werden.

Bei der konkreten Formulierung von Social Media-Guidelines können Unternehmen verschiedene Formulierungsweisen verwenden. Einerseits können Guidelines sehr restriktiv gestaltet werden. Das heißt, die Richtlinien werden vor allem von verbindlichen Vorgaben beherrscht in Bezug auf das, was die Mitarbeiter tun dürfen, müssen und sollen. Als Beispiel für eine sehr restriktive Formulierung können die Guidelines von The Associated Press herangezogen werden:

> *„Posting material about the AP's internal operations is prohibited on employees' personal pages, and employees also should avoid including political affiliations in their profiles and steer clear of making any postings that express political views or take stands on contentious issues. Employees should be mindful that any personal information they disclose about themselves or colleagues may be linked to the AP's name. That's true even if staffers restrict their pages to viewing only by friends"*[180].

[180] The Associated Press (2009) o.S.

In diesem Ausschnitt ist erkennbar, dass das Unternehmen einen weniger offenen Umgang mit Social Media pflegt und mit diesen Richtlinien vor allem negative Konsequenzen aus Social Media-Aktivitäten vermeiden will.

Beispiele für freie Formulierungen, sind in den Guidelines von SAP zu finden:

> *„You are free to set up any blog, space or other area within the given framework of the terms provided by the host of such spaces (e.g. Facebook, LinkedIn, Twitter etc). Please contact the SAP Social Media Group whenever you intend to use "SAP" as any part of the name or URL to avoid confusion with official SAP communication. Any personal space should have a clear disclaimer that it is not an official space of SAP."*[181]

In diesem Abschnitt kann man erkennen, dass SAP seine Mitarbeiter zur aktiven Beteiligung am Social Web motiviert und positive Hinweise zum richtigen Umgang gibt.

Die Formulierung von Social Media-Guidelines hängt somit offensichtlich von der Einstellung des Unternehmens zu Social Media-Aktivitäten und von dem Vertrauen in Mitarbeiter ab. Freie Guidelines haben den Vorteil, dass sie Mitarbeiter motivieren, sich aktiv in das Social Web zu integrieren und somit potenziell als Unternehmensbotschafter auf den verschiedenen Plattformen fungieren können. Jedoch sollten Social Media-Guidelines auch restriktive Elemente beinhalten. Nur durch eine klare Regelung in Bezug auf den Umgang mit unternehmensinternen Daten, unternehmensschädlichen Äußerungen und die Benutzung von Social Media am Arbeitsplatz, können negative Folgen von Social Media-Aktivitäten minimiert werden. Somit sollten Social Media-Guidelines einen Mix aus klar gekennzeichneten verbindlichen Vorgaben und unverbindlichen Handlungsempfehlungen darstellen.

Mitarbeiter, die die Durchführung der Social Media-Aktivitäten des Unternehmens übernehmen, müssen gesonderte Richtlinien und Schulungen erhalten, die über die Social Media-Guidelines hinaus gehen. Zwei wichtige Aspekte dabei sind die Kommunikationsweise zum Nutzer und der Umgang mit Krisen. Die Kommunikationsweise wird dabei vor allem durch die anvisierte Zielgruppe bestimmt. Tonalität und Sprachgebrauch sollten dem der Zielgruppe angepasst werden. Nur so kann ein authentisches und lebendiges Gespräch mit dem Nut-

[181] SAP AG (2009) o.S.

zer entstehen. Weiterhin muss einheitlich festgelegt werden, welche Informationen kommuniziert werden dürfen und welche nicht, und wie auf Nutzerbeiträge und -nachrichten reagiert wird. Das ist von besonderer Bedeutung bei kritischen Äußerungen durch den Nutzer. Zusätzlich kann es sinnvoll sein, eine persönliche Kennzeichnung für die einzelnen Mitarbeiter einzuführen, damit Konversationen nachvollzogen werden können und der Nutzer einen direkten Ansprechpartner besitzt. Diese Richtlinien können im Verlauf des Lernprozesses aufgrund von Erfahrungen modifiziert und erweitert werden.

Zur Vorbereitung auf eine ernsthafte Krise, also zum Beispiel im Falle einer exponentiellen Vermehrung und Verbreitung von negativen Kommentaren, sollten weiterhin bereits im Voraus mögliche Schritte zur Reaktion geplant werden. So müssen einerseits Kommunikationswege innerhalb des Unternehmens definiert werden, um eine schnelle Reaktion gewährleisten zu können. Andererseits muss Klarheit über die zur Verfügung stehenden Kommunikationsmittel herrschen. Zum Beispiel können Stellungnahmen zu Krisenthemen auf Corporate Blogs, Profilen von Sozialen Netzwerken oder auch in Form von Videos auf Video Sharing-Plattformen erfolgen. Sich über diese verschiedenen Maßnahmen bereits im Vorfeld bewusst zu sein, ist essenziell, da aufgrund der hohen Vernetzung der Nutzer die latente Krisenphase übersprungen wird und sich somit eine potenzielle Krisenphase in kürzester Zeit zu einer akuten Krisenphase entwickelt.[182] Mit Abschluss dieser Richtlinien für die Mitarbeiter kann die Social Media-Strategie implementiert werden.

4.2 Lernprozesse im Bereich Social Media und Strategische Anpassungen

Mit der Realisierung der geplanten Maßnahmen sollte auch das geplante Social Media-Monitoring und die Betrachtung der quantitativen Steuerungsgrößen beginnen. Die so gewonnenen Informationen können anschließend in den Lernprozess einfließen und Impulse für strategische Anpassungen geben. Durch das qualitative Social Media-Monitoring ist es möglich Themen und Inhalte zu analysieren, die in Zukunft weiterhin bzw. neu in die Social Media-Maßnahmen integriert werden. Durch quantitative Steuerungsgrößen kann vor allem evaluiert werden, auf welchen Plattformen am effektivsten mit der Zielgruppe kom-

[182] Vgl. Zechner M. (o.J.) o.S.

muniziert wird. Zusätzlich lässt sich feststellen, welche Maßnahmen auf den einzelnen Plattformen am besten wirken und z.B. die größte Anzahl an Visitors, Kommentaren, Verlinkungen etc. generieren. Somit können die erfolgreichsten Maßnahmen im Zeitablauf herausgefiltert und sich auf diese fokussiert werden. Der Verlauf der aggregierten Kennzahlen ist zusätzlich über größere Zeitabstände, zum Beispiel quartalsmäßig, zu analysieren, sodass ein ganzheitlicher Überblick über den Erfolg einzelner Kampagnen geschaffen werden kann.

In Bezug auf den Umgang mit dem Nutzer kann das Social Media-Team besonders hinsichtlich der Kommunikationsweise lernen und diese im Verlauf der Aktivitäten optimieren. Das Social Media-Monitoring selbst kann innerhalb des Lernprozesses den Einsatz von geeigneten Monitoring-Keywords modifizieren und anpassen.

Die gesammelten Kennzahlen und qualitativen Inhalte des Social Media Monitorings müssen in 14-tägigen bzw. monatlichen Reportings festgehalten werden. Somit kann das implizit angeeignete Wissen, wie von Nonaka und Takeuchi beschrieben, externalisiert werden. Weiterhin sind regelmäßige Meetings, zum Beispiel im wöchentlichen bzw. 14-tägigen Rhythmus sinnvoll. Durch diese Meetings können sich verschiedene Mitarbeiter über ihre individuellen Erfahrungen und ihr Wissen in Bezug auf Social Media austauschen und somit eine Kombination ihres expliziten Wissens vornehmen. Innerhalb dieser Meetings sollten sich die Teilnehmer außerdem über Anpassungs- und Verbesserungsmöglichkeiten in Bezug auf die Social Media-Strategie austauschen. Konkrete Veränderungsvorhaben und die Ergebnisse des Meetings müssen durch ein Protokoll festgehalten werden. Auf diese Weise können im weiteren Verlauf die Implementierung der Anpassungen und eine Internalisierung des neuen Wissens erfolgen. Folgedessen beginnt anschließend ein neuer Zyklus des Lernprozesses.

5 Zusammenfassung und Ausblick

Social Media besitzt schon heute eine bedeutende Rolle für die zwischenmenschliche Kommunikation. Nutzer tauschen sich auf den verschiedenen Plattformen über vielfältigste Themen aus und agieren miteinander. Im Zuge dessen verändern sich durch Social Media die traditionellen Kommunikationsparadigmen. Der Nutzer wird zu einem sogenannten Prosumenten, der sich aktiv mit anderen Nutzern austauscht und somit sowohl Inhalte konsumiert als auch selber produziert. Auch für Unternehmen stellen diese Social Media-Plattformen einen neuen Kommunikationskanal zu ihren Kunden dar. Dabei fehlen jedoch häufig geeignete Strategien bzw. Herangehensweisen, um aktiv Maßnahmen im Social Web umzusetzen. Zur Entwicklung einer Social Media-Strategie müssen verschiedenste Faktoren beachtet werden. Einen Ansatz dazu leistet die Analyse der spezifischen Social Media-Plattformen in Verbindung mit traditionellen Strategie- und Planungsansätzen. Einerseits kann so die Evaluation der Nutzungsmöglichkeiten und Eigenschaften der Plattformen als Grundlagenwissen zur Entwicklung einer Strategie dienen. Anderseits kann durch die Analyse und Bewertung der einzelnen Strategieschulen eine Auswahl geeigneter strategischer Elemente erfolgen.

Schlussfolgernd kann dabei die, von Argyris und Schön entwickelte, Doppelte Lernschleife und die dynamische Planung als wichtige Einflüsse zur Bildung einer Social Media-Strategie erkannt werden. Der Strategiedesignprozess kann auf diese Weise optimal auf die dynamischen Veränderungen im Social Web reagieren. Innerhalb der doppelten Lernschleife werden die Prozesse in die drei Hauptphasen strategische Planung, taktische Planung und konkrete Umsetzung unterteilt. Im Zuge der strategischen Planung werden grundlegende Entscheidungen in Bezug auf die Social Media-Strategie getroffen, wie z.B. die Festlegung des Strategieansatzes, der Ziele und der Zielgruppe. Die taktische Planung umfasst die Auswahl der Plattformen, der Maßnahmen und der Inhalte. Innerhalb der letzten Phase erfolgt die Operationalisierung der Maßnahmen, zur gezielten Anwendung im Unternehmen. Die so konzipierte Social Media-Strategie kann im Anschluss implementiert werden und durchläuft daraufhin einen fortlaufenden Lernzyklus. Wichtig dabei ist, dass ein Monitoring und die Steuerung durch Kennzahlen der durchgeführten Aktionen erfolgt, sodass das

Unternehmen aus den gewonnen Erfahrungen lernen und diese gegebenenfalls in die Strategieanpassung einfließen lassen kann. Als wichtiger Aspekt ist herauszustellen, dass der Strategiebildungsprozess individuell erfolgt. Es gibt somit keine Standardstrategie, die sich für jedes Unternehmen anwenden lässt. Weiterhin ist es von großer Bedeutung, dass das Unternehmen aus den gesammelten Erfahrungen, im Anschluss an die einzelnen Maßnahmen, Rückschlüsse für die Strategieweiterentwicklung zieht. Nur so kann der Dynamik in der Weiterentwicklung von Social Media angemessen Rechnung getragen werden und eine optimale Ansprache und Kommunikation mit der Zielgruppe im Social Web erfolgen. Da das Themengebiet Social Media noch relativ jung ist, lassen sich einige relevante Themen für mögliche zukünftige Forschungsgebiete identifizieren. So gibt es zum Beispiel noch keine anerkannte einheitliche Vorgehensweise zur Berechnung des Return on Investment von Social Media-Maßnahmen. Die bestehenden ersten Ansätze können in zukünftigen Forschungen weiterentwickelt bzw. konkretisiert werden. Weiterhin ist der Ausbau des Social Media-Monitorings ein wichtiges Forschungsgebiet. Die so gewonnenen Daten sind sowohl für den Erfolg der Social Media-Aktionen als auch zur Integration in Marktforschungsdaten von wichtiger Bedeutung, da die ungefilterten Meinungen innerhalb des Social Web einen enormen Informationspool für Unternehmen darstellen. Somit gilt es, diese Informationen umfangreicher und effektiver nutzbar zu machen und Wege aufzuzeigen, wie das Social Media-Monitoring z.B. auch in sozialen Netzwerken weiter ausgebaut werden kann. Des Weiteren stellen zukünftige Kommunikationsweisen von Unternehmen im Social Web und die Veränderung von Kommunikationsparadigmen ein interessantes Forschungsthema dar. Nach der Verschiebung von einer One-to-Many- zu einer Many-to-Many-Kommunikation, könnten sich die Paradigmen zukünftig durch Kooperationen zu einer Many-to-One-Kommunikation entwickeln. Somit besteht innerhalb des Themas Social Media, aufgrund seiner relativen Neuheit, aber auch der ständigen dynamischen Veränderungen, weiterer – vermutlich sogar kontinuierlicher – Forschungsbedarf.

Anlagenverzeichnis

Anlagen

Anlage 1: Social Technographics-Modell

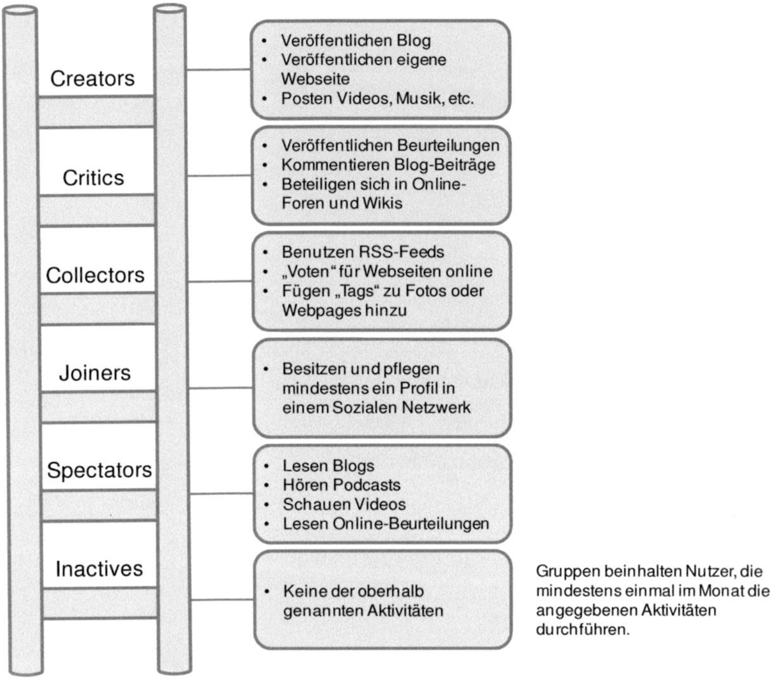

Quelle: Eigene Darstellung in Anlehnung an Forrester Research (2009) o.S.

Anlage 2: Consumer Profile der Altersgruppe 45 bis 54-Jährige in Deutschland

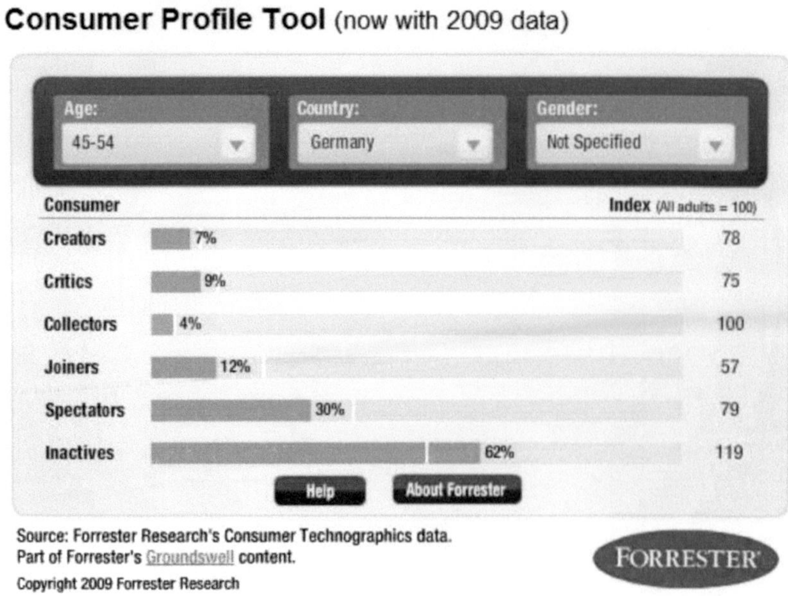

Quelle: Forrester Research (2009) o.S.

Anlage 3: Consumer Profile der Altersgruppe 18 bis 24-Jährige in Deutschland

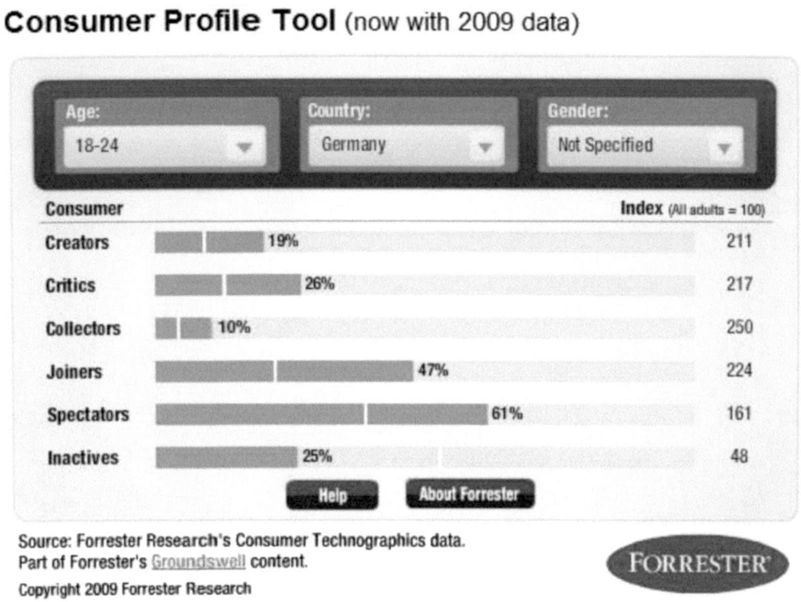

Quelle: Forrester Research (2009) o.S.

Anlage 4: Consumer Profile von Frauen zwischen 25 und 34 Jahren in Deutschland

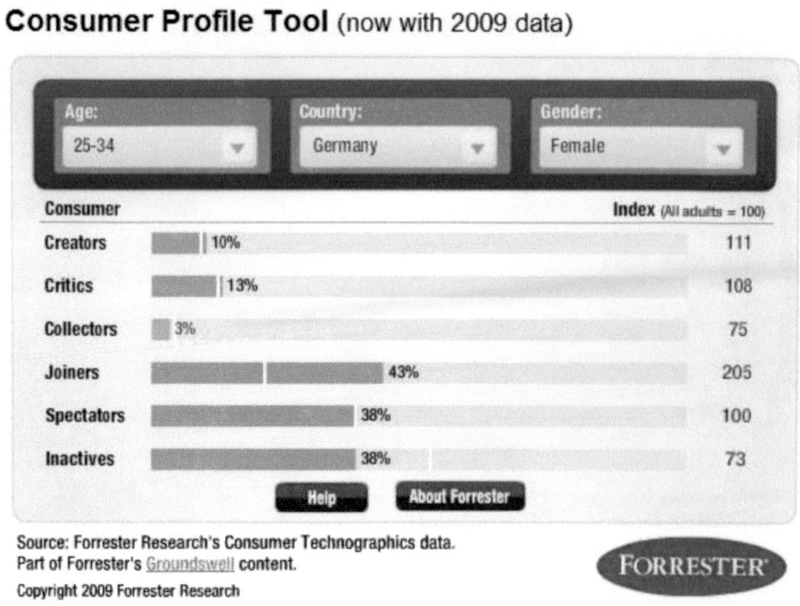

Quelle: Forrester Research (2009) o.S.

Bibliographie

addLeader Ltd. (2010):

Einführung in RSS, URL: http://www.rss-verzeichnis.de/was-ist-rss.php, Stand: 30.06.2010.

Aerni, M./Bruhn, M./Pifko, C. (2008):

Integrierte Kommunikation, Zürich 2008.

AGOF (2010a):

Die AGOF. Zielgenau im Netz unterwegs, URL: http://www.agof.de/, Stand: 29.06.2010.

AGOF (2010b):

Begriffsdefinition für die internet facts, URL: http://www.agof.de/glossar.615.pdf, Stand: 29.06.2010.

Alby, T. (2008):

Web 2.0 - Konzepte, Anwendungen, Technologien, 3., überarbeitete Auflage, München 2008.

Ansoff, I.H. (1987):

The Emerging Paradigm of Strategic Behavior, in: Strategic Management Journal, (1987), Vol. 8, S. 501 - 515.

Argyris, C./Schön D.A. (1999):

Die Lernende Organisation, Stuttgart 1999.

August Storck KG (2009):

Storck Gruppe wächst auch in Krisenzeiten deutlich, URL: http://www.storck.com/de/press/press/21321.php, Stand: 23.06.2010.

Authority Domains, LLC. (2009):

Communicate Better with Social Media Marketing, URL: http://www.authoritydomains.com/social-media-consulting/social-media-ebook.php, Stand: 18.02.2010.

Awareness, Inc. (2008):

Social Media Marketing: Integrating Social Media in Your Marketing Mix, URL: http://www.awarenessnetworks.com/learning/whitepapers-ebooks, Stand: 18.02.2010.

Baldeweg, D.K./Kahle E. (Hrsg.) (2006):

Bewertung von Unternehmen in der New Economy, (Entscheidungs- und Organisationstheorie), Wiesbaden 2006.

Bea, F.X./Haas, J. (2005):

Strategisches Management, 4. Auflage, Stuttgart 2005.

Beck, A. (2007):

Web 2.0: Konzepte, Technologie, Anwendungen, in: Beck,A./Mörike, M./Sauerburger, H. (Hrsg.): Web 2.0, Heidelberg 2007, S. 5 – 16.

Beck, K. (2006):

Computervermittelte Kommunikation im Internet, München 2006.

Berge, S/Buesching, A. (2008):

Strategien von Communities im Web 2.0, in: Hass, B./Walsh, G./Kilian, T. (Hrsg.): Web 2.0 - Neue Perspektiven für Marketing und Medien, Berlin Heidelberg 2008, S. 23 – 38.

Bernoff, J. (2008):

Social Technographics™ Defined, URL: http://www.forrester.com/Groundswell/ladder.html, Stand: 16.06.2010.

Boyd, D.M./Ellison N.B. (2007):

Social Network Sites: Definition, History,and Scholarship, in: Journal of Computer-Mediated Communication , (2007), Vol. 13 No. 1, S. 210 – 230.

Branz, P./Breyer-Mayländer, T. (Hrsg.) (2009):

Effizienz und Effektivität von Marketingkooperationen, (Medienmanagement, Bd.3), Lohmar – Köln 2009.

Brede, H. (2004):
Betriebswirtschaftslehre, 8. Auflage, München 2004.

Bruhn, M. (2006):
Integrierte Kommunikation, in: Schwarz, T./Braun, G. (Hrsg.): Leitfaden Integrierte Kommunikation, Waghäusel 2006, S. 23 – 74.

Bruhn, M. (2007):
Kommunikationspolitik, 4. Auflage, München 2007.

BVDW e.V. (2009):
Social Media Kompass, Düsseldorf 2009.

BVDW e.V. (2010):
Der BVDW – Profil, URL: http://www.bvdw.org/der-bvdw/profil.html, Stand: 29.06.2010.

Camphausen, B. (2003):
Strategisches Management, München 2003.

Clement, M./Papies, D. (2007):
Podcasting, in: Bauer, H.H./Große-Legge, D./Rösger, J. (Hrsg.): Interactive Marketing im Web 2.0, München 2007, S. 335 – 346.

Constantinides, E./Fountain S.J. (2008):
Web 2.0: Conceptual foundations and marketing issues, in: Journal of Direct, Data and Digital Marketing Practice, (2008), Vol. 9 No. 3, S. 231 – 244.

Cyganski, P./Hass, B.H. (2008):
Potenziale sozialer Netzwerke für Unternehmen, in: Hass, B./Walsh, G./Kilian, T. (Hrsg.): Web 2.0 - Neue Perspektiven für Marketing und Medien, Berlin Heidelberg, S. 102 – 120.

Dragger, M.L. (2009)**:**
Impact of Social Media on the Marketing of Professional Services: Analysis and Best Practices, URL: https://ectd.du.edu/source/uploads/18213055.pdf, Stand: 18.01.2010.

Ebersbach, A./Glaser, M./Heigl, R. (2008):

Social Web, Konstanz 2008.

Eck, K. (2006):

Weblogs in der Kundenkommunikation, in: Schwarz, T./Braun, G. (Hrsg.): Leitfaden Integrierte Kommunikation, Waghäusel 2006, S. 201 – 214.

Evans, D. (2008):

Social Media Marketing - An hour a day, Indianapolis 2008.

Fleck, M./Kirchhoff, L./Meckel, M/Stanoevska-Slabeva, K. (2007):

Einsatzmöglichkeiten von Blogs in der Unternehmenskommunikation, in: Bauer, H.H./Große-Legge, D./Rösger, J. (Hrsg.): Interactive Marketing im Web 2.0, München 2007, S. 235 – 249.

Forrester Research (2009):

Consumer Profile Tool, URL: http://www.forrester.com/Groundswell/profile_tool.html, Stand: 29.05.2010.

Freiling, J./Reckenfelderbäumer, M. (2010):

Markt und Unternehmung, 3., überarbeitete und erweiterte Auflage, Wiesbaden 2010.

Golvin, C.S. (2008):

Benchmark 2008: Gen Y And Gen X Lay Their Digital Home Foundations, URL: http://www.forrester.com/rb/Research/benchmark_2008_gen_y_and_gen_x/q/id/44131/t/2, Stand: 27.05.2010.

Google Inc. (2010):

Google-Technologie, URL: http://www.google.de/corporate/tech.html, Stand: 29.06.2010.

Hämmerlein, M. (2009):

Marketing 2.0: Neu Strategien, Chancen und Risiken der digitalen Mundpropaganda, Hamburg 2009.

Harris Interactive (2009):
Harris Poll 38 - Social Network Sites, URL: http://www.harrisinteractive.com/vault/Harris-Interactive-Poll-Research-Social-Network-Sites-2009-04.pdf, Stand: 27.05.2010.

Hearn, G./Foth, M./Gray, H. (2009):
Applications and implementations of new media in corporate communications, in: Corporate Communications: An International Journal, (2009), Vol. 14 No.1, S. 49 – 61.

Hoßfeld, O. (2005):
Strategische Unternehmensanalyse unter besonderer Berücksichtigung des Wertkettenmodells von Porter und der VRIO Modells von Barney, Norderstedt 2005.

Huber, M. (2008):
Kommunikation im Web 2.0, Konstanz 2008.

Hungenberg, H. (2004):
Strategisches Management in Unternehmen, 3. Auflage, Wiesbaden 2004.

infospeed GmbH (2010):
Was ist Social Media? / Definition, URL: http://www.social-media-monitoring.org/definition.htm,Stand: 30.06.2010.

Jaritz, S./Krafft, M. (Hrsg.) (2008):
Kundenbindung und Involvement, (Kundenmanagement & Electronic Commerce), Wiesbaden 2008.

Jodeleit, B. (2009):
Ein Plädoyer gegen den Dialog um jeden Preis, URL: http://blog.jodeleit.de/ein-plaedoyer-gegen-den-dialog-um-jeden-preis/, Stand: 14.04.2010.

Kaplan, A.M./Haenlein, M. (2010):
Users of the world, unite! The challenges and opportunities of Social Media, in: Horizons, (2010), Heft 53 Ausgabe 1, S. 59 – 68.

Kielholz, A. (2008):
Online-Kommunikation, Heidelberg 2008.

Kirchner, M. (2007):
Die veränderte Wahrnehmung und Nutzung des Internets - Der Einfluss von "Web 2.0" auf die Unternehmenskommunikation, Norderstedt 2007.

Kollmann, T. (2009):
E-Business, 3. Auflage, Wiesbaden 2009.

Kollmann, T./Häsel, M. (2007):
Web 2.0 - Trends und Technologien im Kontext der Net Economy, Wiesbaden 2007.

Kranz, M. (2007):
Management von Strategieprozessen, Wiesbaden 2007.

Kraus, S./Brettel, M./Koch, L.T./Kollmann, T./Witt, P. (Hrsg.) (2006):
Strategische Planung und Erfolg junger Unternehmen, (Entrepreneurship), Wiesbaden 2006.

Kreikebaum, H. (1997):
Strategische Unternehmensplanung, 6. Auflage, Stuttgart 1997.

Kreßner, T. (2007):
Marketing 2.0 - Wie das Internet die Kommunikation zwischen Produzenten und Konsumenten verändert, Norderstedt 2007.

Künzler, S./Iltgen, A. (2008):
Social Networking - Plattformen und Potenziale, Norderstedt 2008.

Lammenett, E. (2009):
Praxiswissen Online-Marketing, 2., aktualisierte und erweiterte Auflage, Wiesbaden 2009.

Langner, S. (2009):

Viral Marketing, 3., erweiterte Auflage, Wiesbaden 2009.

Lapierre, R. (1980):

Le Changement Strategique: Un Reve en Quete de Reel, Ph.D. Management Policy course paper, Mc Gill University, Quebec 1980.

Li, C./Bernoff, J. (2008):

Groundswell, Boston 2008.

Lischka, A./Bruhn, M. (Hrsg.) (2000):

Dialogkommunikation im Relationship Marketing, (Basler Schriften zum Marketing, Bd.8), Wiesbaden 2000.

Locke, C./Levine, R./Searls, D./ Weinberger, D. (1999):

The Cluetrain Manifesto, URL: http://www.cluetrain.com/book/95-theses.html, Stand: 10.03.2010.

Macharzina, K./Wolf, J. (2008):

Unternehmensführung, 6. Auflage, Wiesbaden 2008.

Mast, C./Huck, S./Güller, K. (2005):

Kundenkommunikation, Stuttgart 2005.

Mast, C./Huck, S./Güller, K. (2005):

Kundenkommunikation: Ergebnisse einer Befragung der Top-500-Unternehmen in Deutschland, URL: http://opus.ub.uni-hohenheim.de/volltexte/2005/85/pdf/kommunikation4.pdf, Stand: 25.02.2010.

Mayfield, A. (2008):

What is Social Media?, URL: http://www.icrossing.co.uk/fileadmin/uploads/eBooks/What_is_Social_Media_iCrossing_ebook.pdf, Stand: 05.04.2010.

Meckel, M. (2008):

Reputationsevangelisten und Reputationsterroristen Unternehmenskommunikation 2.0, in: Meckel, M./Stanoevska-Slabeva, K (Hrsg.): Web 2.0 - Die nächste Generation, Baden-Baden 2008, S. 109 – 128.

Meerman Scott, D. (2010):

The New Rules of Marketing & PR, 2. Auflage, New Jersey 2010.

Miller, K.D./Fabian, F./Lin, S.-J. (2009):

Strategies for online communities, in: Strategic Management Journal, (2009), Vol. 30, S. 305 – 322.

Milloning, K. (2002):

Wettbewerbsvorteile durch das Management des institutionalen Kontextes, (Berliner Beiträge zur Theorie des Strategischen Managements), Berlin 2002.

Mintzberg, H. (1987):

Patterns in Strategy Formation, in: Management Science, (1987), Vol. 24 No.9, S. 934 - 948

Mintzberg, H./Ahlstrand, B./Lampel, J. (2002):

Strategy Safari, Wien 2002.

Mühlenbeck, F./Skibicki K. (2008):

Community Marketing Management, 2. komplett überarbeitete und erweiterte Auflage, Norderstedt 2008.

Neises, B. (2010):

Agof will Social Media bald für Online-Planung verfügbar machen, URL: http://www.horizont.net/aktuell/digital/pages/protected/Agof-will-Social-Media-bald-fuer-Online-Mediaplanung-verfuegbar-machen_90778.html, Stand: 22.06.2010.

Nielsen (2009):

The Global Online Media Landscape, URL: http://www.socialmediaplanner.de/index.html, Stand: 31.05.2010.

news aktuell GmbH/Faktenkontor GmbH (2010):

Social Media in Unternehmen, URL: http://www.newsaktuell.de/pdf/prtrendmonitorblitzumfrage052010.pdf, Stand: 01.07.2010.

Nonaka, I./Takeuchi H. (1995):

The Knowledge-Creating Company, New York 1995.

Oetting, M. (2005):

How to Manage Connected Marketing, in: Kirby, J./Marsden, P. (Hrsg.): Connected Marketing: the Viral, Buzz and Word of Mouth Revolution, Elsevier 2005, S. 232 - 266.

O'Reilly, T. (2005):

What is Web 2.0?, URL: http://oreilly.com/web2/archive/what-is-web-20.html, Stand: 27.05.2010.

O'Reilly, T. (2007):

What is Web 2.0: Design Patterns and Business Models for the Next Generation of Software, in: International Journal of Digital Economics, (2007), Vol 65, S. 17 – 37.

Palmer, A./ Koenig-Lewis, N. (2009):

An experiential, social network-based apporach to direct marketing, in: Direct Marketing: An International Journal, (2009), Vol.3 No. 3, S. 162 – 176.

PBworks (2010):

Hashtags, URL: http://twitter.pbworks.com/Hashtags, Stand: 15.03.2010.

Peters, J. (2009):

Wettbewerbsvorteile: Spitzenleistungen erreichen und behaupten, Frankfurt 2009.

Philips, L.E. (2010):

Boomers and Social Media, URL: http://www.emarketer.com/Report.aspx?code=emarketer_2000649, Stand: 27.05.2010.

Postman, J. (2009):

SocialCorp - Social Media Goes Corporate, Berkeley 2009.

Raabe, A. (2009):

Entwicklungsperspektive von Social Software und dem Web 2.0, in: Blumenauer, A./Pellegrini, T. (Hrsg.): Social Semantic Web, Berlin Heidelberg 2009, S. 43 – 61.

Renzl, B. (2003):

Wissensbasierte Interaktion, Wiesbaden 2003.

Runia, P./Wahl, F./Geyer, O./Thewißen, C. (2007):

Marketing - Ein prozess- und praxisorientierte Einführung, 2. Auflage, München 2007.

Safko, L./Brake, D.K. (2009):

The Social Media Bible: Tactics, Tolls, and Strategies for Business Success, New Jersey 2009.

Sander, J.E. (2001):

Dynamische Planung – Wettbewerbsstrategien im E-Business, in: Keuper, F. (Hrsg.): Strategic E-Business, Wiesbaden 2001, S. 73 – 97.

SAG AG (2009):

SAP Social Media Participation Guidelines 2009, URL: http://www.sapweb20.com/blog/2009/07/sap-social-media-guidelines-2009/, Stand: 22.06.2010.

Schaltzeit GmbH (2010):

Glossar, URL: http://blog.schaltzeit.de/glossar/,Stand: 30.06.2010.

Schierenbeck, H./Lister, M. (2002):

Value Controlling, 2. Auflage, München 2002.

Schulte-Derne, M. (2005):

transformation follows strategy, Wien 2005.

Shannon, C.E. (1948):

A Mathematical Theory of Communication, URL: http://cm.bell-labs.com/cm/ms/what/shannonday/shannon1948.pdf, Stand: 04.03.2010.

Shuen, A. (2008):

Web 2.0: A Strategy Guide, Sebastopol 2008.

Söllner, A. (2008):

Einführung in das internationale Management, Wiesbaden 2008.

Speckgens, S. (2004):

Unternehmensstrategien zwischen Emergenz und Planung, Berlin 2004.

Spengler, G. (2009):

Strategie- und Organisationsentwicklung, Wiesbaden 2009.

Stanoevska-Slabeva, K. (2008):

Web 2.0 - Grundlagen, Auswirkungen und zukünftige Trends, in: Meckel, M./Stanoevska-Slabeva, K (Hrsg.): Web 2.0 - Die nächste Generation, Baden-Baden 2008, S. 13 – 38.

Stauss, B. (2007):

Weblogs als Herausforderung für das Customer Care, in: Bauer, H.H./Große-Legge, D./Rösger, J. (Hrsg.): Interactive Marketing im Web 2.0, München 2007, S. 251 – 266.

Stieglitz, N. (2004):

Strategie und Wettbewerb in konvergierenden Märkten, Wiesbaden 2004.

Stocker, A./Tochtermann, K. (2009):

Anwendungen und Technologien des Web 2.0: Ein Überblick, in: Blumenauer, A./Pellegrini, T. (Hrsg.): Social Semantic Web, Berlin Heidelberg 2009, S. 63 – 81.

Strauss, S.D. (2008):

The Small Business Bibel, 2. Auflage, New Jersey 2008.

The Associated Press (2009):

Social Networking Q&A, URL: http://www.wired.com/images_blogs/threatlevel/2009/06/apsocialnetworkingpolicy.pdf, Stand: 22.06.2010.

Twitter (2010):

About Twitter, URL: http://twitter.com/about, Stand: 15.03.2010.

Universität Oldenburg/construktiv (2009):

Wie nutzen Deutschlands größte Marken Social Media?, URL: http://www.construktiv.de/newsroom/wp-content/uploads/2009/12/social-media-studie_langversion_091207.pdf, Stand: 11.03.2010.

van Zyl, A.S. (2009):

The impact of Social Networking 2.0 on organizations, in: The Electronic Library, (2009), Vol. 27 No. 6, S. 906 – 918.

Vogel, M. (2009):

Die Gestaltung einer Führungskultur zur Umsetzung von Strategien, Hamburg 2009.

Weber, J./Bramsemann, U./Heineke C./Hirsch, B. (2004):

Wertorientierte Unternehmenssteuerung, Wiesbaden 2004.

Weinberg, T. (2009):

The New Community Rules: Marketing on the Social Web, Sebastopol 2009.

wetpaint Altimeter Group (2009):

The world's most valuable brands. Who's most engaged?, URL: http://www.engagementdb.com/Report, Stand: 16.02.2010.

YouTube Inc. (2010):

Entwickler-APIs: API – Definition, URL: http://www.google.com/support/youtube/bin/answer.py?hl=de&answer=63748, Stand: 29.06.2010.

Wolf, V. (2007):

E-Marketing, Oldenbourg 2007.

Wrona, T. (2008):

Strategische Managementforschung, Wiesbaden 2008.

Zarrella, D. (2010):

The Social Media Marketing Book, Sebastopol 2010.

Zechner, M. (o.J.):

Krisenkommunikation neu definieren - Warum das Web 2.0 eine Neufassung der Krisenregeln erfordert, URL: http://www.krisenkompass.at/c67.html, Stand: 10.06.2010.

Marketing und Kooperationen

Herausgegeben von Noshokaty, Döring & Thun, Berlin

Band 1
Angela Hund-Göschel
Music Sponsorship at a Turning Point
Lohmar – Köln 2009 ◆ 84 S. ◆ € 37,- (D) ◆ ISBN 978-3-89936-826-0

Band 2
Nadja Grabenströer
Web 2.0-Potenziale im strategischen Marketing
Lohmar – Köln 2009 ◆ 108 S. ◆ € 38,- (D) ◆ ISBN 978-3-89936-830-7

Band 3
Melanie Bartels
Marketingkooperationen und Sponsoring im Vergleich
Lohmar – Köln 2009 ◆ 104 S. ◆ € 38,- (D) ◆ ISBN 978-3-89936-863-5

Band 4
Susanne Kertelge
Einfluss von Kultur in Marketingkooperationen
Lohmar – Köln 2010 ◆ 76 S. ◆ € 37,- (D) ◆ ISBN 978-3-89936-889-5

Band 5
Nicole Preininger
Markenkooperationen – Erfolgsfaktoren, Implementierung und Management
Lohmar – Köln 2010 ◆ 188 S. ◆ € 48,- (D) ◆ ISBN 978-3-89936-913-7

Band 6
Romy Fabian
Kundenkommunikation über Social Media – Ein Planungsprozess
Lohmar – Köln 2011 ◆ 120 S. ◆ € 42,- (D) ◆ ISBN 978-3-8441-0015-0

JOSEF EUL VERLAG